国家自然科学基金资助项
城市规划体系变革研究

U0167720

城市规划体系重构
——中日法城市规划体系比较研究
国际研讨会论文集

谭纵波　刘　健　王利伟　等　编著

中国建筑工业出版社

图书在版编目（CIP）数据

城市规划体系重构.中日法城市规划体系比较研究国
际研讨会论文集 / 谭纵波等编著 .—北京：中国建筑
工业出版社，2021.8
　　ISBN 978-7-112-26500-8

　　Ⅰ.①城…　Ⅱ.①谭…　Ⅲ.①城市规划—对比研究—
中国、日本、法国—文集　Ⅳ.① TU984

中国版本图书馆 CIP 数据核字（2021）第 171966 号

责任编辑：吴　绫　李成成
文字编辑：毛士儒
责任校对：姜小莲

城市规划体系重构
——中日法城市规划体系比较研究国际研讨会论文集
谭纵波　刘　健　王利伟 等 编著
*
中国建筑工业出版社出版、发行（北京海淀三里河路 9 号）
各地新华书店、建筑书店经销
北京雅盈中佳图文设计公司制版
北京中科印刷有限公司印刷
*
开本：787 毫米 ×1092 毫米　1/16　印张：10　字数：194 千字
2021 年 9 月第一版　2021 年 9 月第一次印刷
定价：**49.00** 元
ISBN 978-7-112-26500-8
　　　（37264）

前　言

　　城市规划的公共属性以及作为政府行政工具的角色，决定了它具有工程技术与社会管理手段的双重性格。一个完整的城市规划体系通常包括规划的立法体系、技术体系和管理体系。社会经济发展的要求一般通过城市规划立法这种社会共识的最高形式体现出来，并配合相关的规章和技术标准较为详尽地界定规划技术体系的内容和规划管理体系的行为。社会经济体制的转型以及所产生的对城市规划变化的要求最终依靠这一形式体现出来，城市规划应主动顺应这种要求。

　　现阶段的城市规划研究更多地倾向于单独探讨技术体系，缺乏立足于解析三者之间关系，揭示规划技术体系背后的社会经济动因，探索城市规划权力的产生、赋予和行使的综合性分析研究。本研究力图在这一方面做出有意义的尝试和基础性工作。

　　我国城市规划的发展，尤其是改革开放以来逐步确立起的现代城市规划体系在很大程度上借鉴和学习了西方工业化国家近代城市规划的形式和内容。但这种借鉴更多地停留在规划技术的范畴之内，而对其政治、法律、社会经济和历史文化背景的理解尚存欠缺。当我国的城市规划发展又站在一个新的十字路口之际，重新梳理西方工业化国家城市规划的发展历程，更加全面地理解城市规划与社会经济发展之间关系的客观规律，有助于辨明方向，为完善我国的城市规划体系提供丰富的素材和坚实的研究基础。

　　本研究将城市规划体系分为城市规划的立法体系、技术体系和管理体系三大部分。首先，城市规划立法体系包含了城市规划法律法规乃至相关技术标准的主要内容组成和法律效力，代表着一个国家或地区在某个时期社会共识的最高表达形式，同时也可以看成是某种社会经济体制在城市规划领域中的强制性表达。通常，城市规划立法体系在内容上赋予城市规划技术体系以合法性，在行为上赋予城市规划管理体系以合法性。其次，城市规划技术体系包含了解决城市建设管理相关问题的具体手段，例如：规划主体及其作用对象、需要确定的内容、所采用的技术手段以及表达方式等。通常，城市规划技术在经过一定的探索实践后，会通过立法程序上升为法定规划，成为立法体系的组成部分。现实中，没有经过立法程序的城市规划技术内容（非法定城市规划）同样普遍存在，两者共同构成了城市规划技术体系，但本研究主要侧重于前者。再次，城市规划技术内容最终需要通过执行者和执行过程作用于现实的城市建设管理，从而形成了城市规划的管理系统。城市规划管理可以看作代表公权力的政府行政行为作用于以开发建设为代表的私权利的过程，权力的产生、赋予、承载以及作用既与立法系统的授权相关，又与城市规划技术体系所包含的具体内容密不可分。本研究的内容主要集中在通过实际案例，对这三大体系的构成、相互关系及其演进过程的事实论述和分析以及包含其所处社会经济背景在内的横向比较上。

现实中，城市规划体系的复杂程度要远高于上述高度抽象化了的理想关系模型。因此，本研究从案例实证入手，着眼于中、日、法三国之间的横向比较，以获取充分的例证。城市规划体系，尤其是技术体系的国际比较与相互借鉴不仅发生在发展中国家向发达国家学习的过程中，在发达国家之间也是一种较为普遍的现象。本研究选取历史文化及管理体制与我国相近的日本和法国作为横向比较的对象，从现实及历史演变的角度分析城市规划体系的构成及其与社会经济背景的关系。

通过研究发现中国与日本、法国在城市化的同一发展阶段，城市发展所面临的问题具有相似性，城市规划表现出一定的规律性特征，例如：在城市化缓慢发展阶段，为了应对城市工商业设施布局和解决住宅供给不足的问题，城市建设和空间拓展与以往相比明显加快，以城市基础设施建设和建筑管制为导向的城市规划开始出现，但尚未形成成体系的城市规划编制、管理与审批技术手段，总体上表现出"重建设、轻管制"的发展特征。在城市化加速发展阶段，工业化推动社会经济快速发展，城市化率加速提升，城市空间呈蔓延式扩张的态势，城市用地开发行为出现濒临失控的局面。与此同时，住宅短缺、交通拥堵、环境污染等城市问题开始涌现。在这一阶段，以城市空间开发管制为手段，维护建设秩序、保障公共利益为目标的城市规划体系日趋成熟，城市规划技术从侧重基础设施建设、改善城市形象演变至以公共利益为导向的城市建设管制手段。城市规划的地方分权化特征开始显现，城市规划的立法体系和管理体系逐步建立并日臻完善。但另一方面，中、日、法三国由于政治经济制度和历史文化背景的差异，城市规划又彰显出不同特色。研究从城市规划权力观、城市规划职能与定位、战略性规划、规范性规划、修建性规划等方面对三个国家进行了横向比较，分析其中的差异以及形成差异的社会经济与历史文化背景，为针对性地提出转型期我国城市规划体系重构路径提供了基础性素材。最后，研究基于我国社会经济转型、市场化和法治化的宏观趋势，从城市规划立法体系、技术体系、管理体系三个维度提出了转型期我国城市规划体系的变革方向。

本套丛书由国家自然科学基金项目"基于中日法比较的转型期城市规划体系变革研究"（项目批准号：51278265）资助，共分为两本，其中，《城市规划体系重构——基于中日法比较的转型期城市规划体系变革研究》撰写分工为：谭纵波、刘健负责整体框架设计与书稿的最终校核，王利伟负责全书的统稿。第1章"绪论"、第2章"国内外研究进展"由谭纵波、刘健撰写及统稿完成；第3章"中国城市规划体系的演变"由周显坤、曹哲静、吴昊天、黄道远撰写；第4章"中国城市规划体系的现状特征与问题"由于斐、周显坤撰写；第5章"日本城市规划体系的演变与特征"由万君哲撰写，谭纵波修改完成；第6章"法国城市规划体系的演变与特征"由范冬阳撰写，刘健修改完成；第7章"中、日、法城市规划体系的比较分析"由王利伟、周显坤、于斐、万君哲、范冬阳、谭纵波撰写；第8章"转型期我国城市规划体系的变革展望"由王利伟、谭纵波撰写完成。《城市规划体系重构——中日法城市规划体系比较研究国际研讨会论文集》由来自中国、日本、法国城市规划领域专家学者提供的16篇论文构成，提供了中日法三国城市规划体系的国际比较视角，有利于横向对比不同国家的城市规划体系构成、特征和趋势，为我国城市规划体系优化提供国际经验。

需要说明的是，在本书编辑出版的过程中，我国负责城市规划的行政主管部门发生了重大变更，城市规划也变成了国土空间规划体系中的一个组成部分，城市规划体系转型向着不同的方向迈出了关键性的一步。本书作者也在持续不断地密切关注这一态势的发展，但对这一研究前提变化下的进一步思考与回应只能留给后续的研究工作，在此不作过多回应。

感谢国家自然科学基金对本研究的慷慨资助。由于中、日、法三个国家国情复杂多样，包含社会经济和历史文化背景分析在内的综合性城市规划体系比较研究难免出现疏漏或有失偏颇，仍有待进一步深入。不足之处，敬请读者批评指正。

谭纵波　刘　健　王利伟

2016 年 12 月（2021 年 3 月修订）

目　录

转型期中国城市规划体系重构的研究框架

谭纵波[1] 刘 健[1] 王 卉[1] 万君哲[1] 于 斐[1]

（1.清华大学建筑学院，北京 100084）

摘 要： 改革开放 30 多年来，中国社会正以前所未有的速度经历着社会转型。作为社会管理工具的城市规划不但因其滞后特征而表现出与这种转型的不匹配，而且面临着对未来转型方向和进程的必要预判。城市规划体系的重构既可用以解决与社会转型进程的同步问题，本身也是社会转型的重要组成部分。本文以学界对社会转型的普遍认识为基础，力图通过对城市规划体系存在问题的梳理以及对其发展演变的回顾，阐明其与社会转型的关系，并从国际比较的视野对城市规划重构的方向、主要任务、关键问题和主要内容进行了框架式的阐述。

关键词： 中国社会转型，转型期，城市规划体系，重构

一、前言

改革开放 30 余年来，伴随着高速城市化进程，我国城市规划有了长足进步，初步建立起了较为完整的城市规划体系，在指导城市建设、管理城市发展方面起到了至关重要的作用，城市规划在城市管理中的重要地位也逐渐被认识。但另一方面，城市建设与发展中所出现的种种问题，诸如"城市空间无序蔓延""交通拥堵""房价高企"又在不同程度上暴露出现行城市规划的不足和缺少应对现实问题能力的状况。造成这种状况的根本原因在于城市规划体系的变革滞后于社会快速转型的进程和要求。脱胎于计划经济时期的城市规划体系虽然在改革开放后融入了应对市场经济体制的技术手段，并力图增加公共管理的政策属性，但是从整体上来看，无论其是基本逻辑架构还是技术工具，或是实施组织方式，无不反映出既有体系在社会转型期存在的特有的矛盾冲突。2013 年召开的中共十八届三中全会所提出的"新型城镇化"是城市发展与建设政策领域对社会转型的最新应对。

本文试图考察社会转型所形成的外部环境与城市规划体系本身的互动关系，从国际比较的视野，厘清我国未来城市规划转型的方向，对可能发生的城市规划体系重构提出初步的构想。

二、中国当代社会转型的特征

从 1990 年代初开始，有关中国社会转型成为学术界研究和讨论的重点（李培林，1992；李培林，1994；陆学艺等，1994）。中国社会转型被认为包含了以下三个方面的含义（宋林飞，2002）：

1. 社会体制转型

1992 年"社会主义市场经济"被正式提出，标志着经济体制由计划经济转向市场经济，表明中国社会在制度层面上发生了根本性的变革；

2. 社会结构变动

伴随而来的是市场经济环境下，社会组成人员的个人收入、经济地位乃至拥有财富的差距迅速扩大，并逐渐形成了不同的利益群体和社会阶层；

3. 社会形态变迁

总体上指"中国社会从传统社会向现代社会、从农业社会向工业社会、从封闭性社会向开放性社会的社会变迁和发展"（陆学艺、景天魁，1994）。但可以延伸的内涵远较前两个丰富，例如："审批型政府逐步转变为服务型政府""从农村社会向城市社会转变"（宋林飞，2002）"在上层建筑层次上，集中地表现在由高度集权的传统政治体制向民主政治体制转变"（王永进等，2004）。

社会转型概念本身来自于西方社会学家借用生物学中"转型"（transformation）的概念来描述社会结构具有进化意义的转换和变化，主要指传统社会向现代社会的转变。按照这一概念，事实上自 1840 年鸦片战争之后，中国就一直处在社会转型的过程之中，且曲折多难，目前这一过程仍未完成。辛亥革命、1949 年中华人民共和国成立以及始于 1978 年的改革开放被认为是这一过程中的重要转折点（吴忠民，2002）。关于中国社会转型的特征，一部分研究主要强调其整体性、复杂性和长期性（郭德宏，2003；汪玉凯，2010），近来也有研究者认为，虽然存在各种缺陷，但经过三十余年的改革开放，社会转型已在某种程度上实现了"市场经济""民主政治"以及"法制下的公民社会"（刘燕等，2011）。

三、社会转型背景下城市规划面临的制度性问题

城市规划作为一门具有社会管理职能的专业化工具，其体系架构和内容与社会经济体制的变革——社会转型密不可分，并通过实践形成相应的制度。换言之，城市规划体系的重构本身就是社会转型的重要组成部分。在当前社会转型的背景下，现行城市规划体系的问题以及与社会转型之间的矛盾主要集中在以下几个方面：

首先，改革开放 30 余年以来，我国经济体制已基本实现了由计划经济向市场经济的转型。由于市场经济所带来的利益主体多元化和对公平竞争的渴望，作为政府重要行政手段的城市规划不再是单纯描绘物质空间形态发展前景的蓝图，而被要求其职能向协调各方利益、实现公共利益最大化的方向转变。虽然 1992 年出现的控制性详细规划以及 2007 年《城乡规划法》对城市规划的公共政策属性在不同程度上有所体现，但应对市场经济需求，从根本上转变城市规划的职能，以实现城市规划现代化的基本价值观在整个城市规划体系中尚未获得主导地位。

其次，随着社会主义法制化、民主化建设的开展，依法治国、依法行政、公众参与等现代社会中的民主意识与思想逐渐深入人心。其中，公众参与已成为 2007 年《城乡规划法》中的一个亮点。但公众参与如何真正实现，公共利益如何才能得到保障，在现有的法律框架和规划体系中并未明确体现（谭纵波，2007）。

再次，在 2007 年《城乡规划法》所确立的城市规划事权划分框架下，城市规划的主要内容依然属于上级政府的审批对象。在政府行政管理体制内，城市规划仍然属于自上而下的管理模式。地方政府的发展冲动与中央政府试图对全局进行把控的努力反映在城市规划的编制、审批与实施的全过程中。其中的权利与责任的对应关系以及所产生的影响并没有得到充分的评估和研究（仇保兴，2005）。

此外，我国实行全国统一的城市规划立法，并采用统一的规划技术规范。另一方面，部分地方政府也在积极寻求建立符合地方特色的城市规划体系或技术规范的可能性。例如：深圳市的《城市规划条例》，上海市的"规划单元"以及各地广泛开展的"战略规划""城市设计"等。对于城市规划立法体系以及技术规范体系中，哪些需要"全国统一"，哪些需要各地根据实际情况体现"地方特色"，亦缺少相应的探讨和界定。

总之，现行城市规划体系在应对社会转型所带来的问题方面，仍处于相对滞后的状况，需要根据社会转型的实际进展情况作出相应的反应和调整。应该看到，这种调整在很多情况下单纯依靠改变技术方法是无法完成的，需要从包括社会价值判断在内的上层建筑领域开始进行探讨。

四、中国城市规划体系的渊源及演变

1. 近代城市规划的雏形

"半封建半殖民地"是对中国近代社会性质的经典描述，较为贴切地反映了近代社会转型的实际状况。与西方相比较，由于缺乏诸如文艺复兴、工业革命以及资产阶级革命等社会变革的原生动力，传统社会在向现代转型的过程中保持了相当的惰性；帝国主义列强的入侵成为影响社会转型的重要因素，一方面列强的入侵客观上带来了当时西方近代化的思想观念与先进的生产技术，在某些局地一定程度上促进了中国传统社会向现代社会的转型，但另一方面，列强对中国的一系列侵略战争又严重干扰甚至是中断了中国的近代化进程。在城市规划领域，上海、天津、武汉等租界以及大连、哈尔滨、青岛等列强独占城市的建设与管理将西方的城市规划、建设与管理的理念与技术直接引入，构成了这些城市早期发展的基础，并在一定程度上起到了示范作用。自晚清"洋务运动"开始至辛亥革命后的北洋政府以及民国政府，民族力量也在通过启用留学人员和聘用外国技术人员等手段，不断进行近代城市规划的尝试，留下了诸多遗产。但是从总体上来看，限于中国近代社会转型的非原生性、缓慢、不彻底和外力的干扰，近代城市规划局限于个别的城市和有限的时期，始终未能形成较为连贯、完整和相对统一的体系。

2. 计划经济时期的城市规划

1949 年中华人民共和国的成立是中国近代社会转型的又一标志性事件。由于政权获取以及意识形态等历史原因，1949 年后的中国全盘接纳了来自苏联的政治经济体制，逐步形成了政治上高度集权、经济上依靠计划、社会管制上倚重个人权威的"计划经济体制"。1950 年代，伴随着 156 项苏联援建项目的实施，始于"联合选址"，以合理空间布局为导向，作为工程建设组成部分的城市规划正式出现，直至 1978 年的改革开放。虽然学界对这一时期在社会转型方面的功过尚存争议，但从中国社会转型的整个过程来看，这一阶段的城市规划的出发点既与之前追随西方的路径大相径庭，也与改革开放后的发展方向相距甚远，基本上可以归为"插曲"的范畴。

3. 改革开放后的城市规划

始于 1978 年的改革开放从侧面证明了之前 30 年社会转型的不成功，进而在经济领域率先践行了向社会转型潮流的回归。从 1992 年起，市场经济在社会运行与发展中逐渐取代"计划经济"，发挥着基础性作用，进而向着发挥"决定性作用"迈进[①]。相对经济领域的渐进式改革，政治及社会管理领域的改革进展缓慢，由此所引发的社会不公现象以及社会焦虑和对抗情绪迟迟得不到缓解（刘燕等，2011）。反映在城市规划领域，应对市场经济环境的城市规划技术手段又一次作为"新事物"被介绍到中国，并在侧重工程技术的城市规划实践方面取得了较大的成绩。但是另一方面，触及所有制、社会利益分配、政府权力划分等带有价值判断的上层建筑领域的内容却鲜有突破。由此也可以看出，当前城市规划体系中所存在的主要问题除自身发展的滞后外，更多

---

① 2013 年 11 月 12 日中国共产党第十八届中央委员会第三次全体会议通过的《中共中央关于全面深化改革若干重大问题的决定》中首次明确提出："经济体制改革是全面深化改革的重点，核心问题是处理好政府和市场的关系，使市场在资源配置中起决定性作用和更好发挥政府作用。"

地受制于社会转型的整体进程。

4. 国际比较视野下的城市规划体系重构

基于城市规划体系的重构必须与社会转型的整体进程同步，但通常滞后于社会转型整体进程这一判断，有必要对未来社会转型的方向及路径给出大致的"预判"，作为讨论城市规划体系重构的前提和基础。对中国未来社会转型的方向及路径的判断，学界有诸多探讨，并非本文的研究对象，但从城市规划角度来看，"市场经济""民主政治"以及"公民社会"依然是可以标定的目标。简而言之，未来中国城市规划体系所面临的社会环境与西方工业化国家有趋同之势，可以按照相同或相近的逻辑关系与价值判断展开讨论。同时，从近代以来我国城市规划演变的历程中也可以看出，西方工业化国家城市规划体系与社会转型的实践经验依然是讨论城市规划未来走向及其体系重构的重要"参照物"。

与以往侧重城市规划技术与方法的借鉴不同，探讨基于社会转型的城市规划体系重构应更加侧重对两者之间关系的分析研究，可以从以下两个视角进行：

1) 城市规划体系与社会经济体制之间的耦合关系

城市规划体系本身作为社会转型过程中社会形态变迁的组成部分，其理念、构架和内容与社会转型是否匹配？与社会转型方向是否一致？与社会发展的普遍性规律是否吻合？虽然日本和法国的城市规划体系在不同的转型期所体现出的具体内容不尽相同，但政府代表公共利益干预市场、限制私权并提供基础设施等服务，规划编制、执行法定授权等作为城市规划体系的基本内容构成，其职能贯穿始终。

2) 城市规划体系与社会经济发展阶段的耦合关系

城市规划体系的演变具有阶段性，与社会经济发展阶段以及可用作其量度指标的城市化率之间存在某种规律性的关联。在城市化快速发展阶段，城市规划体系的构成和内容侧重于强调如何集中政府力量对城市建设进行强力干预，优先关注城市建设，应对城市快速发展；在城市化稳定发展阶段，城市规划体系的构成和内容侧重于强调如何整合相关领域的公共政策，调动国家和各级地方的力量，提高城市发展的质量和促进地方的多元发展。城市规划事权划分从强调国家统一管理转向更好地协调国家统一管理与地方多元发展之间的关系。

五、城市规划体系的构成

1. 现代城市规划的任务

虽然中国古代有着辉煌的城市规划与建设的历史，但在近代之后传统城市规划未能继续起到引导城市发展，管理城市的作用，因而使得现行的城市规划基本上源自向西方国家的学习、借鉴甚至是全盘照搬。其中，1949—1978 年的 30 年间全面学习苏联的模式，致使现行的城市规划带有深深的计划经济体制的烙印。城市规划更加侧重于解决具体的技术问题。反观西方工业化国家近代之后的城市规划，虽然所采用的技术手段呈多元化的状态，但城市规划所担负的基本职能却拥有较强的近似性。这主要体现在城市规划的建设指导作用以及维护城市建设秩序的职能上。面对市场的失灵和局限性，城市规划作为政府干预的手段首先体现在以基础设施为代表的公共设施的建设过程中，豪斯曼的巴黎大改造、东京的市区改正可以看作这种职能的代表性体现。事实上苏联的城市规划以及中国计划经济时期的城市规划也承担着同样的职能。但是，西方工业化国家的城市规划还具有另外一项任务，那就是面对私有制条件下大量的偶发非特定城市建设活动，通过城市规划的手段，对其进行非征收且无补偿的开发限制。北美地区的区划、日本的地域地区制是这种手段的代表。在对私有财产实施严格保护的法治社会中，城市规划是为数不多的可以部分剥夺私有财产价值与使用自由的政府行政管理工具，其代表的是对公共利益和社会秩序的维护。市场经济初步确立，对私有财产的平等保护原则使得中国在社会转型的方向上与西方工业化国家逐渐趋同。城市规划体系的重构理应沿着这一方向进行。

2. 城市规划体系的组成

城市规划体系，顾名思义是由不同的阶段和分系统组成的。按照规划活动展开的时间顺序，可以分成以下几个阶段：

（1）规划（共识）目标的形成；

（2）规划编制及决策；

（3）规划实施以及规划修改；

（4）监督与反馈等。

一方面，规划目标（或称规划共识）的形成集中体现了社会诉求和价值判断，与社会转型的过程密切相关。规划实施本身可以看作社会形态的重要组成部分。规划编制虽然更侧重于技术手段，但必须与前两者相适应，而规划决策与监督等环节又与规划目标之间形成了相互印证的作用机制。目前，我国城市规划体系中的诸多问题也正是源自于规划编制技术和规划目标与实施的脱节和不匹配。

另一方面，按照协同工作但相对独立的原则将城市规划划分为不同的子系统时，可以认为至少存在城市规划的"技术体系""管理体系"和"法规体系"这三个子系统。首先，城市规划技术体系包含了解决城市建设管理相关问题的具体手段，例如规划主体及其作用对象、需要确定的内容、所采用的技术手段以及表达方式等。通常，城市规划技术在经过一定的探索实践后，会通过立法过程上升为法定规划，成为立法体系的重要组成部分。现实中，没有经过立法程序的城市规划技术内容（非法定城市规划）同样普遍存在，两者共同构成了城市规划技术体系。其次，城市规划技术内容最终需要通过执行者和执行过程作用于现实的城市建设管理，从而形成了城市规划的管理系统。城市规划管理可以看作政府行政的"公权力"作用于以开发建设为代表的"私权利"的过程；其中，权力的产生、赋予、行使与监督既与立法系统的授权相关，又与城市规划技术体系所包含的具体内容密不可分。再次，城市规划立法体系包含了城市规划法律法规乃至相关技术规范的主要内容、组成和法律效力，代表着一个国家或地区在某个时期的社会共识的最高表达形式，同时也可以看成是某种社会经济体制在城市规划领域中的强制性表达。通常，城市规划立法体系在内容上赋予城市规划技术体系合法性，在行为上赋予城市规划管理体系合法性（图1）。

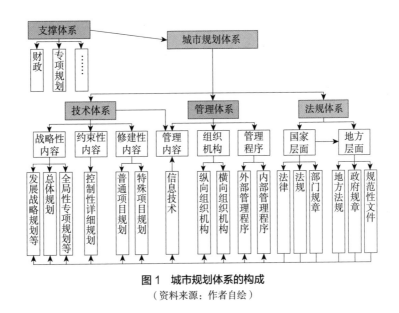

图1　城市规划体系的构成
（资料来源：作者自绘）

目前，我国城市规划体系的框架基本完整，应对问题的技术手段、管理架构和相应的法律法规也基本形成。其中的主要问题主要体现在形式上的完整与应对现实问题的效力之间的差距以及子系统之间的脱节等方面。城市规划体系的重构并非重新建立起一套全新的体系，而是更加侧重于逻辑的重构与现有体系的整合和改良。

六、中国城市规划体系的重构

中国城市规划体系的重构是基于适应社会转型的逻辑重塑和体系调整。

1. 城市规划体系的基本逻辑

城市规划的职能以及遂行职能的逻辑需要结合社会转型的进程进行重新梳理和调

整。从国际比较的视野可以看出，现代城市规划所担负的职能主要有两个：一个是引导城市公共设施的建设，另一个是对基于市场环境的私人开发活动实施控制。由此可以判断，目前中国社会转型的方向与实现这两个主要目标是大体一致的，可能涉及的方面有：

1）应对市场经济环境

当前，经济体制是社会转型中进展较快也相对彻底的领域，但城市规划受制于土地所有制，虽然在技术工具中引入了控制性详细规划等应对市场经济体制的内容，但尚未将应对市场经济体制，限制私人开发活动作为构建基本逻辑的主线，自上而下的行政指令型思维与逻辑仍然是贯穿城市规划的主线。因此，这一领域也是城市规划体系重构中需要讨论的重点。

2）转变政府职能

社会转型的一个重要标志就是政府机构从行政指令型向社会服务型过渡。在这种架构下，政府除通过税收获取必要的财政来源用于公共设施的建设外，更多地通过对作为规则的城市规划的贯彻执行来行使社会秩序监督者的职能。同时，各级政府之间的责权有着明确的划分，分别在授权范围内行使。但是，现实中，由于集权化的行政部门掌握了绝大多数的社会资源和权力，使得行政独大和由此而产生的行为恣意充斥于现行城市规划之中。

3）维护公共利益

社会转型也是一个社会阶层重新划分，利益格局被重置和调整的过程。维持市场的活力与保障公共利益之间永远存在着矛盾。作为"守夜人"的政府的职责就是在这两者之间取得一个相对的平衡。城市规划在这一点上体现得尤为充分。作为公共政策的城市规划不仅需要体现诸如道路、公园等基础设施和公益性设施建设这种狭义的公共利益，也要体现界定相邻关系、处理邻避设施这样的产生于个体与群体之间的公共利益，甚至包括生态环境、资源保护在内的广义公共利益。

4）营造法制环境

法制是传统型社会向现代型社会转型的重要标志之一。城市规划内容与管理程序的法定化是重构的重要内容之一。虽然自1984年《城市规划条例》颁布以来，我国城市规划的法律法规框架已逐渐形成，但就目前城市规划立法和执法的状况而言，还很难说达到了完全法制化的程度。2007年《城乡规划法》依然停留在程序立法的阶段，政府以行政命令代替法律法规，甚至直接规避法律约束的现象也并非个案。

2.城市规划体系的内外关系

对城市规划应对社会转型进行测度时，可以从对外关系和内部关系两个角度展开。

对外关系主要指作为政府行政工具的城市规划如何处理与整个社会的关系，即公权力行使的导向、内容和边界是否明确？是否与社会转型的进程相吻合？应该说，现行城市规划体系既暴露出了应对社会转型滞后的一面，也客观地反映了经济体制与政治体制改革不同步的现实。在渐进式改革继续推进的前提假设下，城市规划也会逐渐回归到其原有的职能，并反映到与社会的关系中。

伴随着传统社会向现代社会的转型，中央集权的行政管理体制也会逐渐走上分权的道路。反映在城市规划领域，城市规划会逐步回归其作为地方事务管理方法的原本性质，其事权的重心将逐渐下移至负责城市建设与管理的基层政府。同时，伴随着城市规划分权的进展，上级政府对下级政府的行政干预力度减弱，以往纵向划分的职能与权限更多地集中至地方同级政府内部，为打破同级政府部门间壁垒，形成统一的政府意志与明确、具体的行政导向提供了良好的环境。

此外，与上述两个变化趋势相关联的是社区自治的出现。社区自治从根本上改变了城市规划自上而下的传统。日本、中国台湾地区的社区综合营造运动应该是这种社区自治的代表①。

3.城市规划体系重构的关键问题

涉及城市规划体系重构的关键问题有两个：一个是有关经济利益的分配与再分配；另一个是权力的重新划分。在很多情况下，这两者是联系在一起的，甚至后者决定前者。在市场经济环境下，城市规划作用下的经济利益相对容易判别，也得到了较为充分的认识。但城市规划的权力，尤其是不与经济利益直接关联的行政权力往往容易被忽略。事实上，城市规划对城市中的开发建设具有强制力，而这种强制力不是先天存在的，而是通过立法等方式赋予作为管理者的政府行政部门的。政府部门通过法定城市规划这一载体，将具有强制性的公权力作用于城市开发建设中普遍存在的各种私权，并最终左右城市的实体存在。这里就出现了一个至关重要的问题，即：城市规划权力是如何产生的？其传递途径和方式是什么？在社会转型过程中，这种权力的产生、赋予、行使及监督方式将发生根本性的变化。城市规划体系的重构无法回避这一根本性问题。

4.城市规划体系重构的框架

城市规划体系的重构需要确立明确的核心目标，并构建贯彻实施这一目标的完整逻辑链。基于对社会转型大方向的判断，参照西方工业化国家的经验，可以认为：完善以土地利用控制为核心的法定规划或许是城市规划体系重构的核心目标，而规划编

---

① 日语原文为："町づくり"，我国台湾地区通常将其译为"社区综合营造"。

制和实施各个阶段的诸项规划技术和管理手段对这一目标的贯彻落实则可以视为完整逻辑链的体现。因此，虽然城市规划体系的内容将愈加丰富，但重构的核心依然是法定规划的目标和实施这一目标的过程中的逻辑贯穿。

从技术层面上来看，规划体系可以在宏观及微观两个层面上形成由展望性规划（例如战略规划、总体规划等）、规范性规划（例如控制性详细规划、法定图则或类似规划）以及修建性规划（例如修建性详细规划、基础设施规划等专项规划）组成的规划技术体系，分别用以体现政府政策意图和导向，实施对城市开发秩序的维护以及建设城市基础设施和公共服务设施。

七、城市规划重构前景的展望

由于城市规划与社会转型的密切关联性以及相对滞后性，目前还无法就城市规划体系重构的最终结果作出准确的判断，但这并不等于对其未来的走向完全失去判断，至少可以排除部分不太可能发生的情况，例如：

首先，从较长的时间跨度来看，虽然中国的社会转型会遇到各种阻力和困难，但从传统社会向现代社会转变的趋势却始终没有改变。只要社会转型的进程在继续，探讨城市规划体系如何更好地应对转型就富有意义。

其次，城市规划的进步与社会发展的进程是同步的，不太可能超越社会转型所提出的要求。所以，城市规划所要做的是跟上社会转型的步伐，而不是试图引领之。

再次，由于历史文化的差异，中国的社会转型不太可能复制西方的过程，但大致的目标方向以及转型的结果也不会相距甚远，或许这是一种殊途同归的过程。这也是站在国际视野开展城市规划体系比较研究的前提。

综上，城市规划体系的重构是社会转型的组成部分，虽然城市规划无法左右或引领社会转型的进程，但又必须与之相适应。因此，既然无法左右，不如为即将到来的转型做好准备，至少不应因城市规划的滞后而影响到整体的转型。

参考文献

[1] 李培林. 另一只看不见的手：社会结构转型 [J]. 中国社会科学，1992（5）：3–17.

[2] 李培林. 再论"另一只看不见的手" [J]. 社会学研究，1994（1）：11–18.

[3] 陆学艺，景天魁. 转型中的中国社会 [M]. 哈尔滨：黑龙江人民出版社，1994.

[4] 郭德宏. 中国现代社会转型研究评述 [J]. 安徽史学，2003（1）：87–91.

[5] 宋林飞. 中国社会转型的趋势、代价及其量度 [J]. 江苏社会科学，2002（11）：30–36.

[6] 王永进，邬泽天 . 我国当前社会转型的主要特征 [J]. 社会科学家，2004（11）：41–43.

[7] 吴忠民 . 略论 20 世纪中国的社会转型 // 中国现代史学会 . 中国现代社会转型问题学术讨论会论文集 [C]. 北京：中国环境科学出版社，2002：13–27.

[8] 汪玉凯 . 当前社会转型的特殊性 [N]. 北京日报，2010-9-13.

[9] 刘燕，万欣荣 . 中国社会转型的表现、特点与缺陷 [J]. 社会主义研究，2011（4）：5–9.

[10] 刘燕，万欣荣 . 中国社会转型的独特性分析 [J]. 中国经济问题，2011（9）：11–16.

[11] 仇保兴 . 城市化进程中的城市规划变革 [M]. 上海：同济大学出版社，2005.

[12] 谭纵波 .《物权法》语境下的城市规划 [J]. 国际城市规划，2007（6）：127–133.

[13] 谭纵波 . 从中央集权走向地方分权——日本城市规划事权的演变与启示 [J]. 国际城市规划，2008（2）：26–31.

简论中国城市规划体系演进中的三大转变

赵 民[1] 陶诗琦[1]

（1.同济大学建筑学院，上海 200092）

摘 要：中国自1970年代后期实行改革开放政策以来，经济社会体制发生了深刻转型，伴随着经济快速增长，城市建设规模空前，城市化水平有了很大的提高。与之相适应，城市规划事业也有了全面发展，如果以西方发达国家为参照，中国城市规划体系的构成要素已经逐步具备，整体框架已经基本建构。同时，中国现行城市规划体系也仍然面临着诸多挑战。本文将分析中国城市规划体系演进中的三大转变，并探讨未来发展的趋势。

关键词：城市规划体系，演进，中国转型期，重构

一、转变一：从"行政主导"到"依法行政"

中国的城市规划孕育于计划经济年代，深受苏联模式的影响，经济社会发展以"计划"为纲领，对资源实行高度集中的安排；就城市规划工作而言，曾被看成是社会经济计划工作的附属或延续，是国家大一统所有制体系内部的一种空间设计和资源配置工作。改革开放以来，这种状况有了很大的改变，但旧体制的影响仍然存在。

随着社会主义市场经济制度的建立，参与经济活动的权益主体日益多元，而中央政府、地方政府、市场和其他社会主体的诉求必然存在差异，甚至存在利益冲突。在此背景下，对公民、法人和社会团体的合法利益的保护以及对行政权力的授予和控制必不可少，建设"法治中国"是时代的必然。2014年10月召开的中共十八届四中全会部署了依法治国路线图，"法无授权不可为，法不禁止皆可为，法定职责必须为"的法治理念再次得到强调。

城市规划是一项重要的公共政策，在运作层面则具有法定性：依法制定、依法实施，具有法定的拘束力。因而城市规划的法治是整个国家的法治的组成部分。

在过去30多年中，中国的城市规划已经完成了从"行政主导"到"依法行政"的转变。中国既实行全国人大和地方人大的两级立法，也实行人大立法和多个政府主体立法的两类立法。从国家法律到地方政府规章，行政法源按其内在秩序可分为5个以上层次，即：由全国人大制定宪法、法律，国务院制定行政法规，国家各部委制定部门规章，

省级人大和具有立法权的城市人大制定地方性法规，省级政府和具有立法权的城市政府制定地方政府规章。基于多个立法主体的立法，《中华人民共和国城乡规划法》及相关配套法规规章相继颁布，法律、法规、规章以及成文规划已构成各项规划工作的法源依据。

然而，目前实际工作中的许多事项仍显得缺乏法律供给。相对来说，中央政府的规划主管部门的法制作为尚不够；与此同时，地方立法的作用也没有得到充分发挥，大多数地方在应对规划问题时，仍主要以规划编制、城市设计等技术手段来回应各类主体的空间发展诉求。

根据《中华人民共和国立法法》，地方立法权是地方解决特定发展问题的重要法律工具。以上海市为例，因其区县经济发达，主城区周边土地开发亟待规划控制，为控制大都市外围市县地区发展，上海在地方规划法规中作出了若干创新安排，为规划工作创设了法规依据。《上海市城乡规划条例》中的创设包括："在城市总体规划的基础上，中心城区域内编制分区规划，郊区区域内编制郊区区县总体规划。"（第十二条第二款）"在中心城分区规划的基础上编制单元规划，在郊区区县总体规划的基础上编制新城、新市镇总体规划。"（第十二条第三款）这样的创设是符合《中华人民共和国立法法》的规定的，它为上海市编制市郊区县总体规划、新城规划、新市镇规划等提供了法源依据，以适应特大城市市郊发展的实际需求。

其他省市的地方立法也有诸多创设，如浙江省、广东省、安徽省等。但总体而言，地方立法的主动性还很不够，诸多地方性规划事务仍然缺乏规范，导致若干行政行为无法可依。这一状况亟待改变。

二、转变二：从混沌的"规划设计"到清晰的规划编制体系

《城乡规划法》（2008）的颁布施行，使中国的法定规划编制体系变得明晰了。与国际主流模式相似，中国的法定规划编制大致分为城镇体系规划、城市（镇）总体规划、控制性详细规划，此外还有乡村规划（图1）。"城镇体系规划"和"城市（镇）总体规划"属于战略性规划范畴，提供战略导向和政策指引，不应直接作用于具体的开发建设管理行为；而"控制性详细规划"则属于开发控制性规划，具有可操作性和管理的羁束性，是建设管理的直接依据之一。

然而在具体的规划类别层面，战略性规划与开发控制性规划的界限仍不够清晰，在总体规划的编制审批中反映得尤为明显。我国现行的城市总体规划编制和审批仍因循计划经济时期的某些思维方式，试图对城市的发展作出既大又全的部署，追求终极蓝图。

在总规编制内容上，既包括宏观尺度的市域行政辖区的全域城镇体系规划，也包括中观和微观尺度的中心城区用地规划。由于内容繁多、时间冗长，且以"可批"为

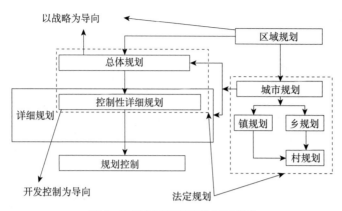

图 1 我国城市规划编制体系示意图
（资料来源：作者自绘）

首要追求，"总规"对战略性问题的关注难免会弱化。因而，过多的内容叠加和功用期望，使得"总规"在各个层面的功能均难以得到充分发挥，尤其是导致了其与下层级"控规"等的关系出现扭曲。

在总规审批方式上，"总规"由上一级，甚至中央政府审批，但"总规"中的大部分内容其实属于地方政府的事权，因而目前的审批权限划分存在行政悖论。此外，由于审批涉及的事务细碎庞杂，使审批阶段的耗时较长，往往需要一年以上，有的甚至长达五六年以上。在新总规审批期间，城市微观管理的上位法定依据实际上处于真空状态，这显然不符合行政法治原则。

在总规实施效力上，虽然每版总规的编制及审批均费时费力，但已经获批的总规在实际实施中的法定约束效力却偏弱，如图2所示上海城市总体规划（1996—2020）中对2020年的规划预期与2006年的实际发展的对比。因外部环境、招商引资、地方政府发展思路等方面的变化，实施仅数年即面临需要修编的窘境。

由此看来，这一看似全面客观、科学合理的"法定"总体规划，实则在"法定"概念下变得既"面面俱到"又极为僵化，在实际操作过程中往往不能实现其初衷，理论上的重要性与现实中的窘境已成为一大悖论，改革势在必行。未来我国规划体系的发展中，应进一步明晰规划体系内各层级规划的地位，梳理战略性规划与开发控制性规划的相互关系，并从编制理念、成果形式、审批机制等多方面实现技术与具体制度的创新。

三、转变三：对开发控制从"赋权"到"控权"

我国的城市开发控制实行许可制度。过去很多年，在成文规划依据不健全的条件下，规划行政管理部门享有很大的自由裁量权限，通过自由裁量，在一定程度上弥补了法定成文规划编制滞后带来的不便，顺应了建设大发展时期不断变化的发展形势。

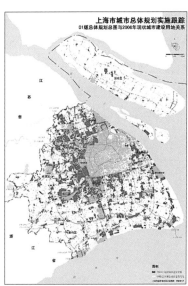

图2　上海城市总体规划（1996—2020）中对2020年的规划预期与2006年的实际发展对比
（资料来源：上海市城市规划设计研究院）

但与此同时，由于城市开发控制中的自由裁量权过大，导致了"寻租"行为的频发。例如开发商为了使开发得到规划批准，或求得规划控制的松动而获得土地资本升值，向掌握自由裁量权的规划官员行贿，包括直接的金钱贿赂和各种变相的利益输送。规划管理领域的权钱交易屡见不鲜。这类腐败的多发有其当事人自身的原因，同时开发控制制度的不健全也是重要成因。

作为改革措施，我国在立法上已经改变了过去那种授予规划管理部门很大自由裁量权限的做法，已经明文规定将开发控制置于成文规划——控制性详细规划的羁束之下，从而压缩了规划许可行为的自由裁量权限。本质而言，相对于《城市规划法》的管理"赋权"立法取向，《城乡规划法》更多地体现了"控权"的立法精神及实质性安排。

伴随立法理念从"赋权"到"控权"的转变，《城乡规划法》条件下的控制性详细规划也就从政府内部的"技术参考文件"变成了规划行政管理的"法定羁束性依据"。《城乡规划法》规定，确定"建设用地规划条件"、核发"建设工程规划许可证"、批准"变更规划条件"等行政行为，均要以"依法批准的控制性详细规划"为依据。由此可见，目前的"控制性详细规划"对于规划建设管理具有羁束性作用。

"赋权"向"控权"转变将规划实施中的主要矛盾前移至了规划编制审批阶段，由此产生了新的问题。要看到，我国仍处在经济社会和城市化的快速发展阶段，空间发展的不确定性较多，加之社会整体的法治化有一个逐步提升的过程，在这一背景下，我国的控规编制中的控制要素过多，过于刚性，在实际操作中并不可行。如何在"控权"的同时兼顾发展诉求，做到既"符合法制精神"，又必须"切实可行"，是当下许多地方政府和规划师面临的新挑战。

　　城市开发控制兼具服务经济发展和保证利益分配公平的双重作用，其过程中的羁束性权力与自由裁量权力应达到一定的平衡。在既定的城市规划法律框架下，重要的是实施路径的创新，在一定意义上，细节决定成败。就控制性详规而言，未来主要的转变方向在以下几个方面：①编制要注重与行政管理体制的衔接，构建稳定的空间单元网络；②引入通则式控制内容，规范规划的编制与管理；③注重不同地段的分类指导，增强控规的针对性；④区分法定文件与技术文件，引入公共参与，社会控制和内部控制相结合；⑤运用多种控制技术，提高控规的适用性（图3、表1）。

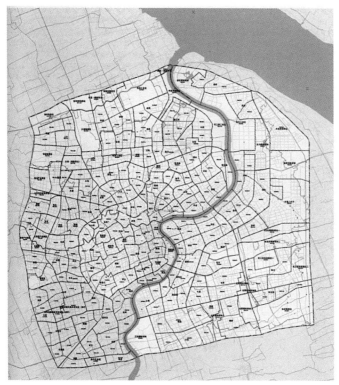

图3　上海市中心城控制性编制单元划分示意图
（资料来源：上海市规划管理局）

广州等城市控制性详细规划编制文件分类事例　　　　　　　　　　　　表1

城市名称	成果构成	文件属性
广州	法定文件	主要规定与公众利益密切相关的建设用地性质、建设用地使用强度、公共配套设施和道路交通等强制性内容
	管理文件	规划管理部门的内部图则，控制性规划导则相当于管理文件
	技术文件	编制资料汇总，内容相对全面，主要按照建设部《城市规划编制办法》的要求确定控制要素

续表

城市名称	成果构成	文件属性
南京	总则	即强制执行规定，包括文本和主要图纸
	执行细则	执行细则是具体的技术图则，是在城市规划行政主管部门内部使用的文件，包括地块控制一览表和街道、社区单元图则
	附件	包括基础资料汇编和说明书
厦门	主件	包括文本和土地利用规划图，是法定文件
	规划管理图则	包括地块控制内容一览表、管理单元图则和基层社区单元图则，是城市规划行政主管部门实施规划管理的操作依据和内部文件
	附件	包括说明书和图纸

（资料来源：根据相关城市调研资料整理。）

部分地方规划管理部门已在探索通过程序设计，平衡开发控制中的羁束性权力和自由裁量权力，例如广州、南京、厦门、武汉等多地采用法定文件＋管理文件＋技术文件等方式，兼顾控规的法定性和灵活性。

四、结语

我国城市规划体系的构建和演进与经济社会发展的时代诉求密不可分。伴随着30余年来的经济改革、社会转型和城市化快速推进，我国的城市规划已经形成了以法律法规和技术规范为基础、规划编制体系较为完整、开发控制体系较为有效的整体局面，基本适应了经济社会发展和规划行政的需求。但我国的城市规划体系仍然处在探索和演进之中，存在诸多不完善之处，尤其是现在正面临着经济发展"新常态"和建设法治中国的重大挑战。规划学界和规划管理部门正在努力探索改革之路，希冀本文的探讨对此有所裨益。

参考文献

[1] 曹传新，董黎明，官大雨. 当前我国城市总体规划编制体系改革探索——由渐变到裂变的构思 [J]. 城市规划，2005（10）：14-18.

[2] 田莉. 论开发控制体系中的规划自由裁量权 [J]. 城市规划，2007（12）：78-83.

[3] 赵民，郝晋伟. 城市总体规划实践中的悖论及对策探讨 [J]. 城市规划学刊，2012（3）：1-9.

[4] 赵民，乐芸. 论《城乡规划法》"控权"下的控制性详细规划——从"技术参考文件"到"法定羁束依据"的嬗变 [J]. 城市规划，2009（9）：24-30.

基于北京市城市总体规划的实施所做的关于城乡规划体系演变的研究

石晓冬[1] 陈 军[1]

（1. 北京市城市规划设计研究院，北京 100045）

摘 要：本文旨在基于对北京市城市总体规划实施机制的分析来反思中国城乡规划系统，指出城市总体规划实施过程中的问题，包括法律体系、平台、公众参与、利益与评价等方面的缺失，并提出了关注合作式实施与规划、推动实施的制度化、政策引导、法律保障、实施过程以及建立实施体系等改进建议。

关键词：城乡规划体系，演变，北京市总体规划，政策改革

一、北京市总体规划的实施机制

从规划范围的角度来看，中国的城乡规划体系包括城镇体系规划—城市规划—镇规划—乡规划—村庄规划；而从规划深度的角度来看，则由总体规划和详细规划构成（其中包含了多种专业规划，例如历史文化城市保护规划、城市设计、基础设施规划、公共服务设施规划、环境建设规划和地下空间规划等）；从时序上讲，又分为总体规划—近期建设规划—年度实施计划。

与国家层面的规划体系相一致，北京市城乡规划体系着重于城市中各种不同规划间的协调，而其中专业规划间的相互交织更为复杂。

在历史上，北京市城市总体规划在城市发展中扮演了一个重要的角色。根据对不同历史时期总体规划实施情况的一个近期评估，我们发现在 1950—1957 年这一时间段，总体规划的实施主要以计划经济体制结合第一个五年计划为根据。此外，总体规划中明确提出工程的投资与建设由 SDPC（国家发展和改革委员会前身）和北京市政府来执行，规划和项目因此被统一起来。

在 1958—1980 年间，总体规划实施机制的停运，在城市建设中广为传播的无政府主义，与压倒一切的本位主义一起，造成了首都建设中的混乱和破坏。因此，1975年出台了一项提案，所有在北京的建设活动均需要服从北京市的统一管理和统一的城市建设计划。

在 1981—1991 年间，首都规划建设委员会成立，它在北京总体城市建设规划之下执行近期规划和年度计划的审批与实施。总体规划实施的配套设施从一开始就得到了明确：关键在于解决关于领导、系统和投资的问题。

在 1992—2004 年间，两个在北京总体规划策略转变中的政策得到明确，一是通过市场经济手段使大量城市基础设施建设得以实行，二是总体规划的实施借由市场经济法则得到促进。

在 2004 年，服从北京市人民政府统一实施计划的《北京城市总体规划》得到通过。借由 10 年间不断的实施和评估，我们明确了现行实施机制中的一些特性和问题。

从法律效力的角度看，依照《中华人民共和国城乡规划法》，本总规得到了国务院关于《北京城市总体规划》的批复。

从组织和功能的角度看，市、县、乡政府，与首都规划委员会和市、县规划行政部门一起，进行《北京城市总体规划》的实施和管理。

从许可制度的角度看，"一书两证"制度是规划实施最有力的方式。

从监督检查的角度看，政府对建设活动的监督检查、立法机构的监督检查以及社会监督被包含其中。

总体规划以三个方式得到实施：

首先，"总体规划—控制性详细规划"是一个依据城市规划中的技术特点将总规按空间分解的方式，它的特点是有最长的生命周期、清晰的法律基础和一个相对完整的体系。其次，"总体规划—近期建设规划—年度实施计划"是一个将总体规划与年度国民经济和社会发展计划联系起来的方式。年度国民经济、社会发展和土地供应计划，从另一方面讲，规划、计划和建设得到了统一。再次，"总体规划—专业规划的实施"是一个将总规按领域分解的方式，它受到许多政府职能部门的欢迎，因为它与各种职能部门结合得很紧密，规划体系中等级划分很少，并且有很高的工作效率。

二、总体规划实施中的缺失问题

法律缺失：总体规划的实施需要一个法律机制。

总体规划的实施应当向全社会公示。最近，《城乡规划法》这一中央法律体系已经开始聚焦于城市规划的形成过程。然而，除了将组织与实施指定为市人民政府的职责并且内容仅包含城市规划实施管理之外，考虑到总体规划的实施过程，总体规划的统一实施是难以实现的，并且，总体规划实施的地位、内容、方式、过程，实施中每一个项目的权利与义务以及沟通与合作机制等，都没有得到明确。作为政府的一个职能部门，规划管理部门既不能行使总规实施的组织职能，也不能统一各政府部门的行动，因此，总体规划的实施仍在艰难地前行。

平台缺失：总规实施没有统一的决策。

总体规划的实施需要保证国民经济与社会发展规划、土地利用规划和总体规划之间的统一，统称为"三规合一"，这是城市空间实施的统一决策。由于首都的特殊性，从中央政府到市政府的各个部门并没有在同一平台上统一他们的决策实施机制。当遇到特殊问题时，由于部门间不同的管理方式和在土地资源配置利益博弈中不同的关注点，部门之间或者中央与地方之间的认识通常难以统一。统一空间决策合作平台的分裂和缺失导致了总体规划实施的畸形。

公众参与缺失：总规实施过程中的公众参与受到阻碍。

作为一项公共政策，总规的实施应当将基础价值导向引导至保障和促进公众利益以及实现社会公平。北京在组织公众参与的长期实践中总结出了一些有益的经验，然而这些经验还没有被转化成规范系统或有效机制。公众参与仍然需要深化和扩大。

利益错位：实施中统一与分散间的矛盾。

鉴于北京总规实施的主体是市政府，而项目实施的主体是区政府或县政府，两者的利益互不相同。地方政府对于政绩有着强烈的诉求，因此他们对发展的期望可能会过高、过于宽泛或者过于宏大，这导致了地方上的"失控"。

评估缺失：一个有效的评估反馈机制是必需的。

由于对规划实施的有效评估机制的缺失，规划主要是在"事后"进行评估，而非在"事前"或者"过程中"。因此，总规的调整滞后于问题的出现，总规的科学性会受到由外界因素、建设的正常规律和原城市规划实施所误导的质疑和攻击。

三、总体规划实施方式上的不足

由于总规以三种平行的方式实施，它们之间的关系没有得到明确，因此包含的规划类型多种多样，并且这些方式都在经批准后得到实施，这导致了规划体系的复杂化、规划实施的不连续、不可避免的自相矛盾和规划的低效率。不同的实施方式以不同的项目通过审批，例如详细规划的法定图则和年度实施计划由市政府进行审批，而相对的专项规划则由规划委员会和市政府进行审批。事实上，总规实施的决定权是分散的，因此政府无法集中资源来推动北京总体规划目标的实施。

如今，城乡规划的实施被诸如所有权单位、行政区划、绿色与隔离式实施、专业化规划以及中心城市和新城镇规划的土地等分界问题所困扰。另一方面，规划实施中现行的分界管理机制已经不受控制了。

城乡规划的实施受制于多种职责，例如征用道路，征用市政设施，承包公共配套设施，进行公共绿化建设，拆除非法构筑物以及空出公共空间等。这些关于规划实施的职责免受监督和规定的制约，对于那些由发展与实施的项目所产生的公共实施的职责，它们没有受到监督，并且对于执行的法令也没有《城乡规划法》所授权的法律基础。此外，村镇规划的管理也一直是城乡规划监督管理体系中的一个盲点。

四、转变总体规划实施机制

着眼于合作式实施与规划：从长期目标导向式规划转变为短期战略导向式规划。

着眼于推进实施的制度化：从土地使用管理转变为项目实施和建设规划。

着眼于实施的政策引导：从空间形态规划转变为空间实施政策规划。

着眼于实施的法律保障：从文本规范转变为法律法规。

着眼于规划的实施过程：从蓝图式规划转变为过程评估。

着眼于实施体系的建立：从对空间进行法定监管转变为目标合作谈判。

五、掌握实施机制的方式：强制性政策机制

作为一个政府主导的实施体系的运行机制，它以"三规合一"为起点，以总体规划—近期建设规划—年度建设实施与规划为规划构成，并以管理作为实施手段，在如下前提下实现了北京总规实施的"协同契约"式系统和运行机制：

（1）统一原则：从单一目标和划分思想转变为多目标、多元素平衡。

（2）协同目标：评估、警告和调整经济—人口—土地之间的相互作用。

（3）整合空间：在同一规划平台上分析和审查经济、人口、环境、社会、交通与土地。

（4）步调一致：城市规划应当将政府常规的工作体系整合到内容准备和实施机制中，以便从单纯的技术工具转变为政府的公共政策。

程序优化：通过建立同一实施平台、同一实施管理系统和同一计划运行机制来实现北京总规实施中明确提出的发展目标。

介绍性政策机制为规划执行单位建立一个政策平台。将总体规划—空间政策控制—执行单位规划—实施计划作为规划构成，并将管理作为实施手段。

将按首都城乡规划执行单位划分的空间政策作为纲领，整合并调查新增的、保留的和腾出的建设用地的规模与比例以及与空地增加和减少之间的关系。建立一个空间运行机制以保护北京城乡规划的执行单位，同时将规划执行单位的实施情况整合进政府评价体系中。为规划实施提议建立一个实施运行机制。在规划实施提议，公众参与和规划监督的内容以及实施效果评估中详细说明实施过程。

　　明确关于专业规划的实施机制，各个专业部门应当自行准备专业规划和实施计划。之后，首都规划委员会将依据规划和与空间政策研究室的协调来进行审批，专业机构将开展公众参与、实施评估和对专业规划实施情况的监督。

　　建立与首都空间政策研究室的协作机制，这一机制的建立是依据合作和通过空间场景模拟体验、交通发展模型、生态保护模型等手段所展示的各个部门专业实施政策的内容。实施保证——设立对城、区、镇、乡规划实施的"评估机制"。为区、镇的全面评估设立一个科学的评价指标系统，并且增加人口控制、生态福利和资源消耗的指标权重。优化空间区划，同时依据区、镇的职能定位来对地方工业与城市发展、生态环境保护与建设以及公共服务与基础设施配置进行规划和协调。

以中国可持续性城市化为目标的城市规划中的开发控制措施

殷成志[1]　杨东峰[2]

（1. 清华大学公共管理学院，北京　100084；

2. 大连理工大学建筑与艺术学院，大连　116024）

摘　要：中国正处于快速城市化的进程中。然而，伴随着经济的飞速增长，环境与社会问题不断出现，它们可能是中国未来可持续发展的巨大挑战。本文在生态与环境可持续发展的背景下聚焦于中国在城市规划方面的开发控制。基于生态与环境可持续的详细目标，在中国作为建设许可根据的控制性详细规划的调控因素已经得到认同并被详细阐述。通过运用管理能力的评估模型，以中国可持续性城市化为目标的城市规划开发控制的效力已经得到明确。调研结果展示出现行的中国法律法规确保了开发控制在土地利用、交通、基础设施、公共设施方面的效力。然而，在建筑形态、绿化程度以及结构、表层土壤空间和将被开发的地下空间等方面，相关开发控制的效力是微弱而不全面的。此外，对物种造成的负面影响的空间补偿还没有调控措施可以采用。因此，为了优化中国可持续发展性城市规划的开发控制，相关的调控因素应当得到改进和补充。

关键词：中国，城市化，开发控制，可持续发展

一、介绍

中国的快速现代化和城市化正极大地考验着这一巨大的"中心地带"的发展模式，这一地带曾经有着令人印象深刻的美丽环境，但如今正遭受着空气污染、污染物排放和生态破坏。可持续性城市是可持续发展最重要的载体。最近一些科学刊物讨论了关于可持续性城市发展的不同主题，包括城市管理、能源政策、低碳城市指示系统、低碳导向城市规划方法、绿色建筑和绿色社区等。

在中国，作为城市详细规划和区划规范的控制性详细规划，是建筑许可的主要法律基础。中国的学术界相信控制性详细规划是将微观层面的城市管理改善为一个公正、公平和科学的管理工具的基本手段。运用这个工具，限制规划行政权力、改进决策机制和保护公共权益将成为可能。

根据国家层面的相关法律和规定，本文旨在分析将在实现生态与环境可持续发展目标的过程中发挥作用的控制性详细规划中控制因素的能力，以明确为中国可持续性城市化制定的城市规划开发控制的效力。

二、可持续性城市发展的挑战

《中华人民共和国国民经济和社会发展第十二个五年规划纲要（2011—2015 年）》中规定，随着资源与环境限制不断增加，危机意识以及绿色与低碳发展的概念对促进未来发展而言是必要的。以节能减排为重点，完善激励与约束措施以形成资源节约型和环境友好型生产与消费模式，从而增强可持续发展能力并提高生态文明水平。在《中共中央关于全面深化改革若干重大问题的决定》中写到，需要为生产、生活、生态空间建立空间规划体系以设立开发管制的界限并实行资源有偿使用制度。健全能源、水、土地节约集约使用制度。

在《大城市的气候行动：C40 城市的基准与机遇 2.0（Climate Action in Megacities：C40 Cities Baseline and Oppotunities Volume 2.0）》报告中，奥雅纳与 C40 城市气候领袖群指出，关于适应气候变化的主要议题可能包括公共交通、私人交通、节能建筑、适应气候变化、能源供应、可持续性社区、互联网连接技术（ICT）、金融与经济发展、室外照明、浪费、食物与农业以及水。

可持续发展解决方案网络的领导委员会于 2013 年 6 月递交了《持续发展的一项行动议程：致联合国秘书长的报告》。他们相信可持续发展将会使所有的城市变得社会包容、生产节约、环境可持续、安全并适应气候变化和其他风险。相关的任务包括：

（1）消除极端贫困城市，扩大就业和提高生产力，并且提高生活水平，特别是在贫民窟。

（2）确保普遍获得安全和可承担的居住环境与基本城市公共服务，包括住房、用水、卫生和废物处理、低碳能源与交通以及移动与宽带通信。

（3）确保所有人的空气安全和水质安全，综合减少温室气体排放，有效利用土地和资源，并确保气候与抗灾的投资和标准。

通过总结国际与国内关于可持续城市发展的概念与实践，可持续城市发展的任务应包含以下方面：

（1）集约、高效地利用土地，包括集约化城市布局，土地混合使用以及最低建筑密度，适当的容积率；

（2）低生产排放，包括高排放工业的选址和规模，当地建筑材料的使用，优化建筑材料与建筑结构以降低生产过程中的碳排放；

（3）建筑节能，包括墙与屋顶的隔热，立面与屋面的窗户尺寸，建筑朝向和室内设计；

（4）低碳交通，包括低排放公共交通系统和私人交通，慢行系统；

（5）新能源利用，包括大力发展可再生能源设施，比如太阳能、风能、生物质能设施以及建筑中的可再生能源装置；

（6）废物与废水处理，包括大力发展废物处理和废水处理设施；

（7）保护生态环境，包括保护和维持生态空间，区域绿化，绿化种类与强度，植物本地化，生物多样性，水体保护和平衡，表层土壤的保护和利用。

三、对中国控制性详细规划中相关开发控制因素的分析

1. 中国控制性详细规划的作用与内容

中国城乡规划系统的体系可以被分成五个等级：城市体系规划、城市规划、镇规划、乡规划和村庄规划。城市规划与镇规划包括了总体规划和详细规划。详细规划有两个子层级：控制性详细规划和场地规划（中国第十届全国人大常委会，2007）。

在中国，控制性详细规划是建筑许可的最重要根据，它将由总体规划发展而来（中国第十届全国人大常委会，2007），并且场地规划需要与控制性详细规划维持一致（中国第十届全国人大常委会，2007）。因此，显然控制性详细规划并不只是实现相关总体规划意图的主要工具，也是相关场地规划的依据。它如今是中国城市规划体系中一个关键的规划层级。

控制性详细规划的编制应包括下列内容（中华人民共和国建设部，2005）：

（1）确定规划用地界线，建筑和土地利用类型以及土地使用兼容性。

（2）确定建筑高度、建筑密度、容积率、绿地率等控制指标；确定公共设施配套要求、交通出入口方位、停车泊位、建筑后退红线距离等要求。

（3）提出建筑体量、体形、色彩等城市设计指导原则。

（4）根据交通需求分析，确定地块出入口位置、停车泊位、公共交通场站用地范围和站点位置、步行交通以及其他交通设施。规定各级道路的红线、断面、交叉口形式及渠化措施、控制点坐标和标高。

（5）确定市政工程管线位置，包括用地界线、空间定位和管径。确定地下空间开发利用的具体要求。

（6）制定相应的土地使用与开发规定。

在中华人民共和国住房和城乡建设部（MOHURD）颁布的《城市、镇控制性详细规划编制审批办法》中也规定，控制性详细规划应当按如下内容编制：

（1）土地使用性质及其兼容性等用地功能控制要求；

（2）容积率、建筑高度、建筑密度、绿地率等用地指标；

（3）基础设施、公共服务设施、公共安全设施的用地规模、范围及具体控制要求，地下管线控制要求；

（4）基础设施用地的控制界线（黄线）、各类绿地范围的控制线（绿线）、历史文化街区和历史建筑的保护范围界线（紫线）、地表水体保护和控制的地域界线（蓝线）等"四线"及控制要求。

控制性详细规划中确定的土地使用类型、建筑密度、建筑高度、容积率、绿化率以及基础设施和公共服务设施的规定应当成为强制性内容（中华人民共和国建设部，2005）。

2. 对实现生态与环境可持续发展的控制因素的分析

从空间开发控制的角度看，开发控制的有效范围可以被分成四个部分：地块土地利用，建设开发，基础设施领域以及生态环境。

土地利用类型、用地范围以及土地使用兼容性的控制因素将控制土地利用类型。

建筑红线和后退距离的控制因素将控制被开发的地块。

建筑密度、建筑高度、容积率以及绿化率的控制因素将控制建筑开发强度。

此外，城市设计导则将控制建筑形态，比如建筑立面、屋顶形式、颜色以及体量。

黄线（基础设施用地的控制界线）和相关的控制要求，比如道路边界线、出入口位置、公共停车场位置、公共交通站点、步行空间和其他交通设施、道路断面、交叉口形式和渠化措施以及道路控制点坐标，将控制基础设施领域的开发。

绿线（各类绿地范围的控制线）、蓝线（水体保护和控制界线）以及相关的控制要求将控制生态环境的保护与维持。

考虑到上述可持续性城市发展的任务，中国控制性规划的相关控制因素可以按照表1被分为七类。

中国控制性规划中可实现可持续性城市发展任务的控制因素　　　　表1

控制目标	控制任务	控制因素
集约高效使用土地	集约化城市布局 混合土地利用 最低建筑密度 适当的容积率	土地利用类型 土地利用边界 土地使用兼容性 居住密度 建筑红线 后退距离 建筑密度 建筑高度 容积率 绿化率

控制目标	控制任务	控制因素
低生产排放	高排放工业的选址和规模 当地建筑材料的使用 优化建筑材料与建筑结构以降低生产过程的碳排放	土地利用类型 土地利用边界 土地使用兼容性 城市设计导则
建筑节能	墙与屋顶的隔热 立面与屋面的窗户尺寸 建筑朝向和室内设计	城市设计导则
低碳交通	低排放公共交通系统和私人交通 慢行系统	黄线和相关控制要求 道路边界线、道路断面、道路控制点坐标、出入口位置 公共停车场位置、公共交通站点、步行空间和其他交通设施 交叉口形式和渠化措施
新能源利用	大力发展可再生能源设施 建筑中的可再生能源装置	土地利用类型 土地利用边界 土地使用兼容性 居住密度 建筑红线 后退距离 建筑密度 建筑高度 容积率 绿化率
废物与废水处理	大力发展废物处理与废水处理设施	土地利用类型 土地利用边界 土地使用兼容性 建筑红线 后退距离 建筑密度 建筑高度 容积率 绿化率
保护和维持生态环境	保护和维持生态空间 区域绿化 绿化种类与强度 植物本地化 生物多样性 水体保护和平衡 表层土壤的保护和利用	绿化率 绿线、蓝线和相关控制要求

四、中国控制性规划中生态与环境可持续发展控制规定的效力

1. 编制方法

为了说明中国控制性详细规划中生态与环境可持续发展控制规定的效力，本研究

通过编制方法定量区分了每一个控制因素的调控能力。调控能力可被分为五级：

一级（1pm）代表了能够完全实现生态与环境可持续发展特定目标并且是有法律约束力的强制性约束的控制因素。

二级（0.75pm）代表了能够部分完成生态与环境可持续发展特定目标并且是有法律约束力的强制性约束的控制因素。

三级（0.5pm）代表了能够完全完成生态与环境可持续发展特定目标并且不是有法律约束力的强制性约束的控制因素。

四级（0.25pm）代表了能够部分完成生态与环境可持续发展特定目标并且不是有法律约束力的强制性约束的控制因素。

五级（0pm）代表了没有完成生态与环境可持续发展特定目标的控制因素。

2. 对控制因素调控能力的分析

1）集约高效使用土地

在中国控制性详细规划中有十个控制因素可以实现土地集约高效使用的任务。这十个控制因素从属于建筑、土地使用以及将要被开发地块的类型与强度的类别。

在集约化城市布局方面，土地使用类型、土地使用边界、土地使用兼容性以及居住密度能够全方面控制城市的建设强度。根据《城市规划编制办法》，土地使用类型、土地使用边界、土地使用兼容性属于强制性控制因素，它们可被归为一级调控能力（1pm）。然而，居住密度作为可以调整城市发展强度但没有法律强制约束效力的控制因素，是辅助性的。它应该被归为三级调控能力（0.5pm）。

在土地混合使用方面，土地使用类型、土地使用边界、土地使用兼容性以及居住密度同样能够在小尺度城市空间中平衡城市土地使用。在最低建筑密度和适当容积率方面，建筑红线、后退距离、建筑密度、建筑高度、容积率、绿化率能够共同作用以完成控制目标。它们都是可被归为一级调控能力（1pm）的强制性控制因素。

总的来说，从理论上讲，控制性详细规划中相关的控制因素能完全满足可持续发展的控制要求并且是有法律约束力的强制性约束。因此，完成集约高效使用土地任务的总调控能力可被归为一级（1pm）。

2）低生产排放

有三种土地使用类型和城市设计导则的控制因素能够实现低生产排放的任务。

在高排放工业的选址和规模方面，土地使用类型、土地使用边界和土地使用兼容性可以控制这些高排放工业的选址、类型和发展强度，并且可以协调它们与其他土地使用的空间关系。这些土地使用类型的控制因素能有效地实现控制目标并且是有法律约束力的强制性约束。它们应当被归为一级调控能力（1pm）。

在当地建筑材料的使用和优化建筑材料与建筑结构以降低生产过程的碳排放方面，控制规定聚焦于建筑墙体和屋顶材料。城市设计导则是这方面唯一一起作用的一类控制因素。导则可能在建筑体量、立面、颜色以及屋顶形式上为建筑材料的设计提供准则。然而，这些控制因素并不是有法律约束力的强制性约束，应当被归为三级调控能力（0.5pm）。

3）建筑节能

建筑节能方面的控制规定主要是关于建筑墙体与屋顶隔热、立面和屋面的窗户尺寸以及建筑朝向和室内设计。城市设计导则，包括立面、屋顶形式以及室内设计的控制因素，可以为实体规划和建筑设计提供必要的指导。因为这些因素并不是具有法律约束力的强制性约束，它们只能被归为三级调控能力（0.5pm）。

4）低碳交通

所有控制性详细规划中，交通与基础设施方面的调控因素都有助于对低碳交通的调控。这些反映了区划本质的因素能够实现全面而详细的定位控制。事实上，区划包含了由警方执行的具有法律效力的道路管理规定。因为所有交通与基础设施方面的控制因素都是强制性的，它们应当被归为一级调控能力（1pm）。

5）新能源利用

在控制性详细规划中有九项控制因素能够实现利用新能源的任务。在大力发展可再生能源设施方面，土地使用类型、土地使用边界、土地使用兼容性、建筑红线、后退距离、建筑密度、建筑高度、容积率和绿化率等控制因素能够安置可再生能源设施，控制土地使用布局，并且指定相关建筑规范。另一方面，在建筑中的可再生能源设施方面，建筑高度和容积率通过提供额外的建筑高度与容积率许可来推动可再生能源设施的发展。这九项控制因素多是具有法律约束力的强制性约束，被归为一级调控能力（1pm）。

6）废物与废水处理

对于废物与废水处理，开发控制的主要任务是大力发展废物与废水处理设施。土地使用类型、土地使用边界、土地使用兼容性、建筑红线、后退距离、建筑密度、建筑高度、容积率和绿化率能够通过土地使用和建设强度方面的空间调控来安置相关的设施。然而，为了控制循环设施的形态（例如视线隔离和遮阳需求），在规划文本中指定补充规定是必需的。因为废物与废水处理设施属于居住用地（R）或者市政设施用地（U），它们应当在基建设施一类中，并且应被归为一级调控能力（1pm）。

7）生态环境的保护与维持

生态环境的保护与维持只能以控制实际开发的方式来实现。在这种情况下，具体的任务可被归为六类，它们是生态空间的保护与维持，区域绿化，绿化种类与强度，补偿对物种造成的负面影响的空间措施（例如筑巢），透水路面与人行道以及将会被开发的地下空间和相关的埋地与绿化措施。

在生态空间保护与维持方面，绿线和蓝线的规定可以满足规范要求。它们是具有法律约束力的强制性约束，属于一级调控能力（1pm）。

在区域绿化方面，绿化率和绿线能够实现规划目标，属于一级调控能力（1pm）。

在绿化种类与强度方面，绿线的规定可能会实现这个任务。但是这种可能性高度依赖于绿线所明确的附属于绿地的相关规定。这些相关规定的制定是不确定的和不规范的。因此，这些控制因素只能部分实现特定目标，并且不是具有法律约束力的强制性约束。它们应当被归为四级调控能力（0.25pm）。

在补偿对物种造成的负面影响的空间措施方面，没有相关控制因素可以采用。它属于五级调控能力（0pm）。

透水人行道是一种应当从属于"在控制性详细规划中明确指出的基础设施与公共设施规范"的硬件开发，属于一级调控能力（1pm）。

透水路面是一种土地使用控制措施。如果透水路面是在绿化空间中，它可以通过被定义为公园绿地（G1）或防护绿地（G2）或者采用绿线规范来进行控制。然而，如果它是在开发地块中，根据《城市用地分类与规划建设用地标准》，对透水路面进行定性和定位控制几乎是不可能的。如果通过文本条例规定地块上所有建筑红线外的用地都应是透水路面，在任何情况下，这都不会被定义为一种土地用途。因此，在控规中，透水路面并不是一个具有法律约束力的强制性约束，它只能被归为四级调控能力（0.25pm）。

在将会被开发的地下空间和相关的埋地与绿化措施方面，在《城市用地分类与规划建设用地标准》中并没有对地下空间开发的明确定义，但有关于在同一地块中地下停车用地应被定义为地上用地的说明。因此，在实际操作中，控制性详细规划可以布置地下空间，例如地下停车场，或者控制绿化空间的类型和范围，但是不能控制将会被开发的地下空间和相关的埋地与绿化措施。总的来讲，这方面的调控能力只能被定义为四级（0.25pm）。图1展示了中国控制性详细规划中关于生态与环境可持续发展的调控能力。

五、结语

总的来讲，作为一个在中国使用了超过30年的进行开发控制的实用工具，控制性详细规划是调控可持续性城市发展的有力手段，尽管其仍然有待发掘的可能性。

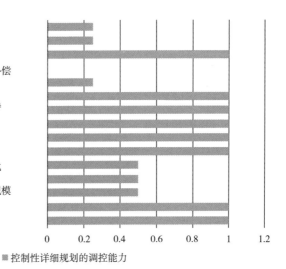

图 1 中国控制性详细规划中关于生态与环境可持续发展的调控能力
（资料来源：作者自绘）

控制性详细规划的调控能力在下列分类和子类中是有效力的：集约高效使用土地、高排放工业的选址和规模、低碳交通、新能源利用、废物和废水处理、生态空间的保护和维持、区域绿化以及透水人行道。

控制性详细规划的调控能力在下列分类和子类中是效力较差的：本土建筑材料的应用、以减少生产过程碳排放为目的的建筑材料与结构的优化、建筑节能。

控制性详细规划的调控能力在下列子类中是缺乏效力的：绿化种类和强度、透水路面以及将被开发的地下空间和相关的埋地与绿化措施。

控制性详细规划在物质补偿对物种造成的负面影响方面没有相关的控制因素。

因此，为了优化可持续性城市发展的开发控制措施，下列内容是必需的：将城市设计导则转变为系统性强制约束，优化和补充生态环境控制因素以加强保护生态环境方面的调控能力。

致谢：研究成果得到清华大学自主科研计划的支持："以调控能力评估为基础的关于控制性详细规划中低碳发展综合手段的研究"（20111081080）。

参考文献

[1] ARUP，C40 Cities Climate Leadership Group. Climate action in megacities：C40 cities baseline and opportunities volume 2.0 [R]. 2014：237–239.

[2] 中华人民共和国国民经济和社会发展第十二个五年规划纲要（2011—2015）[EB/OL]. 2011.

[3] Leadership Council of the Sustainable Development Solutions Network. An action agenda for sustainable development: report for the UN secretary-general[R]. 2013: 3030.

[4] 中华人民共和国住房和城乡建设部城市紫线管理办法 [Z]. 2003.

[5] 中华人民共和国住房和城乡建设部城市规划编制办法 [Z]. 2005.

[6] 中华人民共和国住房和城乡建设部城市蓝线管理办法 [Z]. 2005.

[7] 中华人民共和国住房和城乡建设部城市绿线管理办法 [Z]. 2005.

[8] 中华人民共和国住房和城乡建设部城市黄线管理办法 [Z]. 2005.

[9] 城市用地分类与规划建设用地标准（GB 50137—2011）[Z]. 2011.

[10] 中华人民共和国住房和城乡建设部城市、镇控制性详细规划编制审批办法 [Z]. 2010.

[11] 中华人民共和国城乡规划法 [Z]. 2007.

[12] Third Plenary Session of the 18th Central Committee of the Communist Party of China. CCP decision on deepening the reform of some major issues[R]. 2013.

[13] YIN C Z. Comparative research of development regulation in urban detailed planning in China and Germany[M]. Detmold, Germany: Verlag Dorothea Rohn, 2011.

日本规划方法的近期转变：以东京为例

城所哲夫[1]

（1. 东京大学都市工学系，东京　1138656）

摘　要：在很多国家，市政当局和国家政府在城市开发项目中越来越多地通过公私合营吸引私人投资。在日本，基于项目的方法已经在城市发展中成为主流，特别是2002年《城市再生特别措施法》颁布以后。在这个背景下，本文旨在研究：①管理基于项目的城市发展规划；②规划方法和发展权利体系的转变；③在东京通过基于项目的城市发展途径实现城市发展战略的方法。在第一部分，为了研究规划方法和发展权利体系对城市再生的转变，分析了东京规划概念的变化。在第二部分，为了研究规划方法和发展权利体系如何转化，分析了东京城市再生项目中的三个典型案例。本文发现：①从基于规划到基于项目的方式已经改变了城市发展的途径，2000年后，东京的开发权从独立向关联式体系转变。②为了克服法定规划僵化和长周期的缺陷，东京使用了由非法定的战略规划和城市发展方针组成的演化的规划概念。③在制定非法定的城市发展方针的过程中，自组织管理对于促进业主或开发商与市政当局之间的相互理解和信任至关重要。

关键词：城市再生，发展权利，规划方法，东京

在很多国家，市政当局和国家政府越来越多地寻求通过公私合营在城市开发项目中吸引私人投资的发展策略（Couchi, et al, 2003）。经济竞争力的争论导致特定项目和领域促发展投资的选择（Healey, 2009）。这种发展模式背离了战后福利国家模式的监管和政府规定，通常被称为从管理主义向企业主义的转变（Harvey, 1989）。

项目预期将提升城市的形象并进一步吸引投资，从而激活城市。这些城市再生项目通常基于项目导向。在欧洲，许多学者指出，土地利用规划一直经历着重大的变化，从而使这个体系更具有战略性、更高效且更具有合营导向（Schimidt, 2012; Allmendinger, Haughton, 2009）。在美国，从制度框架的角度来看，有这样的例子：在有条件的分区中，开发商需要给市政当局带来效益从而换取有利的土地使用政策（Horan, 2009）。在亚洲也如此，许多国家将大面积地区划定为特区，由特定的监管框

架管理（Kennedy，2007），通过推进有远见的城市规划，取代僵化的、长周期的法定规划（Wu，Zhang，2007）。

在这种情况下，出现了一个问题：城市再生项目在战略空间规划中处于怎样的地位？就这一点而言，一个关键问题是：在高度专业化的经济空间出现的情况下，公私活动在不同规模下如何协调（Salet，Thornley，2007）。在日本，许多城市再生项目通过一系列的制度变迁得以实施。特别是在东京，大面积地区（共 2500hm²）在《城市再生特别措施法》（2002）中被认定为重点城市再开发地区，在城市再生方面引进了多种放松管制的方式，从而克服 1990 年泡沫经济破裂之后持久的经济衰退。其中的一种方式是城市再生特别地区（URSD），被认定为重点城市再开发地区并解除大多数的城市规划法规。目前，东京共有 26 个地区（共 240hm²）被认定为城市再生特别地区，大规模的城市再生项目在实施中或进展中。可以说，东京的经验为研究空间规划如何响应城市再生项目提供了有意思的案例。

在上述背景下，本文旨在研究：①管理基于项目的城市发展的规划；②基于项目的方法条件下发展权利体系的转换；③在东京通过基于项目的城市发展途径实现城市发展战略的方法。

一、研究方法

在第一部分，为了研究规划方法和发展权利体系对城市再生的转变，分析了东京都政府（TMG）规划概念的变化和有关城市再生项目的制度框架的变化。东京都市圈由 61 个地方团体组成：23 个区，26 个市，5 个町和 7 个村。区是位于东京中心部分的地方团体，市、町、村则是大都市圈郊区的地方团体。东京都市圈包括区、市、町、村，大规模的城市开发项目由 TMG 批准，各行政级别长官与地方委员会负有项目实施责任。此外，在区中，分区规划（主要是由日本城市规划系统中的土地利用类别、容积率（FAR）和建筑密度（BCR）组成）的认定也由 TMG 负责。因此，在东京都市圈中，TMG 主要负责执行关于大规模城市开发项目的规章制度。

在第二部分，为了研究在实际的落实城市再生项目的过程中规划方法和发展权利体系的转化如何体现，分析了东京城市再生项目中的三个典型案例。所选的案例是大手町项目、东京南门项目和东京晴空塔项目（表 1）。大手町项目是市中心再生项目的一部分（大手町—丸之内—有乐町"OMY"地区），该项目是在东京地区，也是在全国范围内第一次提出"重点城市再开发地区"。日本东京的新做法着眼于提高东京的国际竞争力，特别是市中心区的国际竞争力。因此，市中心的城市再生项目是一个典型的例子。

东京南门项目坐落于市中心南部。由于新开通的新干线（高速铁路）站点场在附近扩建，并且预期在 2027 年开通连接东京和名古屋的 MAGREV 超高速铁路的终点站，因此，这一地区被认为有着巨大的发展。这个地区也被认定为重点城市再开发地区。考虑到区位的战略重要性，TMG 希望积极主动地再开发这一地区。该项目的计划过程反映了 TMG 最先进的战略。

第三个案例是东京晴空塔项目，集商业、商务开发于一体的这个项目可以振兴项目所在的发展停滞地区。这个项目位于重点城市再开发地区之外，因此城市再生特别地区不适用于这个项目。在这层意义上，这是一个研究没有城市再生特别地区的情况下新方法如何奏效的很好的案例。

案例项目总结　　　　　　　　　　　　　　　　　　　　表 1

	大手町项目	东京南门项目	东京晴空塔项目
进展状况	实施中	规划阶段	已完成
远景规划中的地位（1982）	市中心	次中心	无
城市规划的愿景（2001）	中央复兴区	中央复兴区	中央复兴区
2002 年《城市再生特别措施法》中的地位	重点城市再开发地区中	重点城市再开发地区中，全面的城市再生项目区中	重点城市再开发地区外
非法定指导方针的制定过程	私人土地所有者自发	TMG 自发	当地政府自发（墨田区）
计划的发展	城市再生特别地区	尚未实现	改变分区

（资料来源：作者自绘）

二、日本规划体系的特点

1. 日本规划体系的结构

城市规划体系的基本结构如图 1 所示。虽然法律不时被修订，但基本结构是相同的：国家政府设置一个框架，统一应用于全国和地方（包括地方团体和都道府县）规划的制定和实施。有两种层次的地方政府（47 个都道府县和 1800 个地方团体）。都道府县选举产生理事和议会，地方团体选举产生市长和委员会，因此，都道府县和地方团体在政治上是独立的。都道府县的责任是处理影响城市规划体系中地方团体区界线以外区域的问题。

2. 日本规划体系的定位

如上所述，在实现目标方面，日本规划体系的结构相当好，地方政府拥有独立的决策力。然而，与其他国家相比，地方政府在土地利用方面实施规划可运用的手段是相当有限的（表 2）。换句话说，因为规划条例和要求在土地利用或建筑使用、容积率、

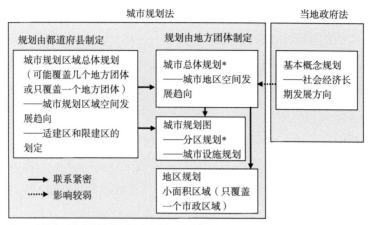

注：*为城市总体规划应依照城市规划区域总体规划和基本概念规划制定。当由市政当局制定时，城市总体规划和分区规划要求得到县的同意。

图1 日本城市规划体系
（资料来源：作者自绘）

规划体系的国际比较   表2

	计划>市场	市场>计划
分散式体系	欧盟国家 印度 马来西亚 印度尼西亚	美国 菲律宾
集中式体系	中国 韩国 越南	日本 泰国

开放空间需求、建筑形式和设计等方面并非严格规定，开发商享有广泛的自由。这背后的原因是：日本规划体系在制度上集中，且土地利用分区类别（12类）由国家政府统一规定。当然，这种统一的规定不能根据地方的具体情况制定规划要求。

为了填补结构良好的目标与有限的规划手段之间的缺口，地方政府计划了各种当地的解决方案，其中，造町运动基于对公私合营的认可而发展起来。在以下部分中，将此因素考虑在内，研究了东京规划方法的演变。

三、近期东京规划方法的转变

1. 城市发展方法的类型

不同类型的城市发展方法分类如图2所示。这个分类的概念是基于两个轴。纵轴显示了城市政府干涉私人开发的程度。基于规划的方法意味着私人开发的可行性是基于预设的、长周期的规划进行评估的，基于项目的方法意味着私人开发是基于灵活的

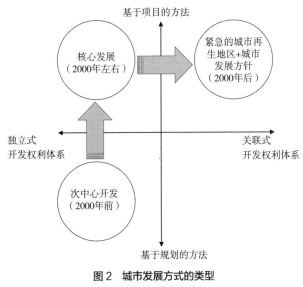

图 2　城市发展方式的类型
（资料来源：作者自绘）

策略，具体问题具体分析地进行评估的，城市的发展预期是通过一系列个案评估实现的。横轴表示体系给予城市管理局开发权的区别。独立式开发权利体系意味着开发权（通常是容积率和土地利用）已经预定好。与此相反，关联式开发权利体系意味着开发权不是预定好的，而是基于项目与周边地区的关系和城市愿景，通过开发商和城市管理局之间的协商进行案件评估。

2. 东京城市发展方式的转变

针对以上的分类，东京的城市发展方式在过去几十年很有效。2000 年之前，是传统的基于规划的独立式开发权利体系，2000 年左右，为了振兴城市发展，转变为基于项目的方法。从 1990 年开始，传统的基于规划的独立式开发权利体系使开发长期不景气。在 2000 年之后，发展方式转变为基于项目的关联式开发权利体系，通过大胆的城市规划法规的管制促进城市发展中的私人投资，旨在根据城市发展的愿景，灵活地指导私人投资（图 1）。细节讨论如下：

1）2000 年之前

这段时间里，TMG 旨在通过抑制重建市中心引导城市发展次中心区，并促进城市次中心区的发展。在这一时期，城市发展的主旨是 1982 年被指定为非法定战略规划的东京大都市圈长期规划。

这个计划旨在通过限制商业职能集中到市中心，引导次中心区甚至 TMG 行政边界之外的周边城市的发展，重组多中心城市形态的城市发展模式（图 3）。随后，国土交通省（MLIT）在 1986 年制定了《第四次首都圈基本计划》，并通过提供金融工具

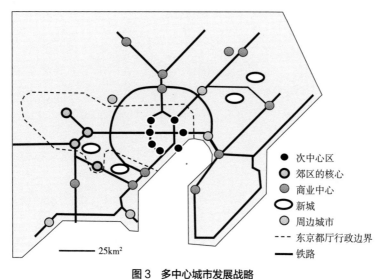

图3　多中心城市发展战略
（资料来源：东京大都市圈长期规划（1982））

来开发新的办公中心推动了日本首都圈大都市的重组，即周边城市商业核心，如位于东京市中心25~30km范围的横滨市、千叶市和埼玉市。根据东京大都市圈远景规划（1982），TMG将市政厅从市中心的有乐町迁至被规划为次中心之一的新宿区。次中心区规定的容积率为1000%，与中心区一致。在市中心，既有建筑的容积率已经高达1000%，因此实际上是不鼓励再开发的。

至于促进大规模城市开发项目的调整框架，它由城市发展计划（UDSs）按比例提高容积率换取公共开放空间。根据城市发展计划，额外的容积率的量是基于公共开放空间的大小，根据预设的公式自动计算的，城市发展计划是典型的独立式开发权利体系。

2）2000年前后

2000年前后为过渡时期。促进城市发展项目成为经济振兴的重要主题之一。在这个背景下，东京都政府逐渐改变了他们的城市发展政策，承认市中心的进一步发展，而非压制市中心密度的提高。东京都政府的第一次尝试是在1997年制定了叫作"东京市中心改善方针"的非法定的规划。在这一规划中，东京都政府提出将东京车站周围的市中心从CBD（Central Business District）转变为ABC（Amenity Business Core）。在这个ABC计划中，东京都政府期望城市中心由商业区向集商业、繁华市区和住宅于一体的复合功能区方向进行重组。为了达到这一目标，规划提出重新定位市中心作为一个再生区或重组区。

东京的城市开发方式转变的主要转折点是东京城市规划愿景，也就是2001年制定的非法定战略规划。在这个愿景中，城市发展概念"多功能紧凑型城市"成为新的目标，而非东京大都市圈长期规划（1982）的"多中心型城市"。在这一概念中，市中心地区，包括市中心和所有的次中心，作为一个整体被定位为核心振兴区域（图4）。包括核心振兴区在内，区域之间应互相竞争，以独特的优势特点获得进一步发展。

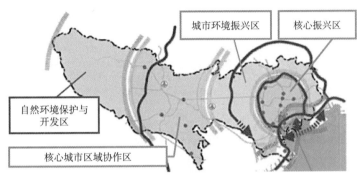

图4　多功能、紧凑的城市发展战略（东京城市规划愿景，2001）
（资料来源：TMG）

东京城市规划愿景（2001）强调市中心区和次中心区的竞争发展，而不是引导次中心区与东京作为一个整体来加强东京的竞争力。就这一点而言，东京都政府的城市发展政策明显地变成了存在潜力的地区应优先开发。换句话说，我们可以清晰地看到东京城市发展方式从在东京大都市圈长期规划（1982）的条件下基于规划的方式向在东京城市规划愿景（2001）的引导下基于项目的方式转变。对比东京大都市圈长期规划（1982），东京城市规划愿景（2001）不再受制于行政边界，而是关注东京都市圈。

多手段推行功能紧凑的城市发展战略。首先，东京都政府将市中心的容积率由1000%提高到1300%，以促进市中心的再开发。其次，东京都政府在2003年制定了新的方针以推动城市发展计划。根据城市发展计划，最初没考虑的地区获得容积率的增加以提供公共空间。然而，新准则选择性地应用于市中心和次中心，增加的容积率不只适用于提供公共开放空间，也适用于有针对性地加强日本竞争力的指定用途：文化设施、商业设施，甚至国际商务中心功能的商务楼层。在这些地区，即使在这个新方针的指引下，额外增加的容积率的量依然根据特定条件下预先确定的公式进行计算。从这个意义上说，发展权利体系在这一时期仍有独立体系的特性。

3）2000年代后

2000年左右，规划方法从基于规划向基于项目转变后，2000年中央政府的新自由主义放松管制政策，城市再生项目的管理框架也发生了很大改变。首先，国家政府通过 2000 年《都市计划法》的修订建立了特例容积率适用地区。在这个方案中，容积率在指定区域内可转移。容积率的得失以及容积率转移的量不是预先设定的，并且是由双方决定的。东京都政府在东京市中心（大手町—丸之内—有乐町地区）使用了这个方案。实际上，东京市中心是全国唯一使用的区域。这意味着这个方案的目的主要是促进符合东京规划方法转型的东京市中心进行大规模城市重建。

真正的转折点是 2002 年《城市再生特别措施法》的制定。考虑到城市经济振兴的重要性，该法旨在促进城市再生项目通过公私合营加强国际竞争力。本法首先需要认定优先级城市再开发地区，核心区域通过城市重建项目得到迅速改善。由国家政府根据第二梯队政府——区政府的请求确定（第一梯队是基层政府，第三梯队是国家政府），东京都政府是其中之一。一旦收到这个认定，私人开发商会获得广泛的援助，包括基于开发商的提议改变城市规划法规中的容积率，缩短项目许可的周期，如果需要，也可以有财政援助和免税。《城市再生特别措施法》颁布后，TMG 提出申请，东京市中心第一个被认定为重点城市再开发地区。这意味着东京市中心从一开始就是此法的主要目标区域。

该法提供的方法中，最重要的是城市再生特别地区（URSD），被认定的地区在重点城市范围内可以开发大型项目。最重要的是，私人开发商还可以为了他们的城市重建项目向区提出城市再生特别地区申请。一旦一个区域被指定为城市再生特别地区，现有土地使用控制、容积率、建筑密度（BCR）、高度控制和建筑红线控制就都取消了，并根据私人开发商和政府之间的协商重新确定。

在市中心，TMG 提出了包含东京城市规划愿景（2001）中的核心振兴区域在内的共 2500hm² 重点城市再开发地区，在 2002 年，由官方指定的内阁进行认定（图 5）。除了市中心，市中心区延伸的沿海区也是有竞争力的次中心区：品川区、新宿区、涩谷车站地区被选为重点城市再开发地区。这一事实显示了 TMG 的意图，有竞争性的领域应该是城市再生的目标。根据 2002 年认定的重点城市发展领域，TMG 阐述了城市再生特别地区申请的工作指南：特殊地区的认定响应私人开发商提出的建议，容积率的分配是基于对城市再生项目的贡献，譬如加强区域国际贸易功能、提升城市的吸引力等，不受现有城市发展计划标准的影响，如提供公共开放空间。显然，TMG 不直接向 URSDs 提出建议，但当私人开发商提出建议的时候，他们将考虑 URSDs 的认定。根据 URSDs 的建议，私人开发商应为周边地区的复兴提供设施，通过他们的创意最终实现加强东京的竞争力，这一过程也会使他们获得城市规划法规的突破，尤其是额外的容积率。

通过私人开发商与东京都政府的个案磋商，实际的容积率放松管制成为可能。这

注：灰色区域是被认定的东京重点城市再开发地区。在地图上显示的星表示将在下一部分中进
　　行讨论的案例研究项目的位置。

图5　东京重点城市再开发地区
（资料来源：TMG）

与城市发展计划体系中基于预先确定标准的容积率赠与是完全不同的。换句话说，发展权利的赠与是根据城市再生特别地区体系中城市再生项目对周边地区的影响以及最终对于东京整体的竞争力的贡献决定的。在这里，我们可以看到典型的关联式发展权利体系的特征。

四、案例研究

1. 大手町项目

大手町项目位于市中心（大手町—丸之内—有乐町地区），占地约40hm²，紧邻东京车站，是日本的商务中心，汇集了主要的金融机构、保险公司、ICT公司、大众传播媒体和贸易公司。然而，由于超过2/3的办公楼建成都在60年以上，许多建筑物需要改进ICT设备，办公大楼的更新已成为迫切需求。因此，有必要在不影响运营的情况下重建办公楼，将大手町地区打造成全球商业中心。

在重建项目中，城市再生特别地区适用于再开发地区。作为对整个地区的城市再生的贡献，开发商提出引入国际会议设施和一个金融业务学习机构，并由他们自己经营。此外，开发商赞助了日本桥川 12m 宽的河滨步行区（图 6）。重要的是，这个河滨步行区不是选址内孤立的设施，而是构成了日本桥川重建计划的一部分，这是由千代田区城市总体规划提出的。千代田区是大手町项目所在地。通过考虑这些项目的贡献，容积率从 1200% 调整到不高于 1590% 作为回报。

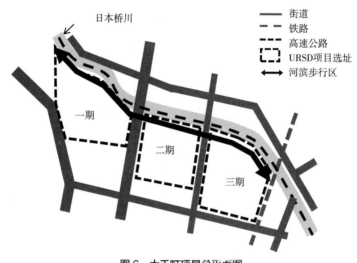

图 6　大手町项目总平面图
（资料来源：TMG）

东京车站（大手町—丸之内—有乐町地区，图 7）附近的市中心区（120hm²）以公私合营为基础的合作始于"大手町—丸之内—有乐町地区"重建项目委员会的建立，委员会召集了大手町—丸之内—有乐町地区的业主，思考该区城市复兴的方向。大手町项目区域是大手町—丸之内—有乐町地区的一部分，已经包含在委员会的讨论范围内。委员会继续讨论城市再生的方向，并在 1994 年业主重建办公大楼时，对于重建原则基本达成一致。

此外，以委员会为基础，东京都政府、千代田区政府和东日本铁路公司参与进来，形成了以大手町—丸之内—有乐町地区作为公私合营平台的咨询委员会。2000 年，咨询委员会创建了非法定的城市发展指导方针，阐述了包括大手町项目区域在内的区域愿景和业主在重建办公大楼时应该遵循的建筑法规。指导方针坚持原则，但也要避免僵化的、长周期的规划，旨在通过单个项目逐步实现整体愿景。指导方针的细节要根据不断变化的经济和社会条件灵活调整。事实上，到目前为止，指导方针已经在 2005 年、2008 年、2012 年共进行了三次修订。

如上所述，在大手町—丸之内—有乐町地区，发展的关联性是通过灵活的、非法定的城市发展方针，以东京都政府与私人开发商、业主的合作实现的。特别值得注意的是，鉴于业主与私营部门和公共部门之间的共识，自组织合作的业主和公共部门在这个过程中发挥了重要作用。

2. 东京南门项目

品川车站地区最近进行着各种城市发展项目（图 8）。大规模未使用的褐色荒地仍然存在，很大程度上是由私人铁路公司持有的。根据《城市再生特别措施法》，国土交通省在 2004 年将这一区域认定为全面的城市再生项目区域，使国家政府鉴于该地区的战略重要性而优先发展该地区的基础设施。作为回应，TMG 在 2006 年为品川车站周边地区的城市发展制定了基本规划，这是在这一区域被认定为全面的城市再生项目区域时《城市再生特别措施法》要求的。基本规划不规定详细的开发计划，但明确了该区域大体的发展方向。根据基本规划，TMG 在 2007 年制定了非法定的城市发展方针。该方针强调了这一区域生态示范城的发展，规定了创建风力路径来应对热岛现象、水与绿色植物网络以及减少二氧化碳排放的设计准则。

图 7　大手町—丸之内—有乐町地区重建的建筑模型
（资料来源：TMG）

大手町—丸之内—有乐町地区的案例，私营部门在制定城市发展方针时掌握着主动权。与此相反，TMG 制定了东京南门项目的城市发展方针。然而，方针应根据区域中的单个项目进行灵活修订的规约得到落实。在大手町—丸之内—有乐町地区城市发展方针中也有这样的规约。此外，该方针认为业主协会的创建应协调该区域的城市发

图8　品川附近前调车场的新开发地区
（资料来源：TMG）

展。针对这个规定，TMG 主要在试着重申大手町—丸之内—有乐町地区提出的程序和原则，这意味着 TMG 采用了大手町—丸之内—有乐町地区的方法：与自组织业主协会合作，为了让城市再生项目作为一个整体融入 TMG 的发展战略，使用先进的非法定的城市发展指导方针。

3. 东京晴空塔项目

项目选址位于墨田区的中心，押上站和东武铁道公司的调车场。四条铁路线汇集于该站，连接到羽田机场、东京成田机场和市中心。由于各种土地所有者之间很难达成共识，巨大的调车场依然空旷。首先，电视和广播公司在 2003 年建立了新东京数字电视广播塔（东京晴空塔）推广项目。作为回应，该地业主由调车场业主——东武铁道公司牵头，自愿建立了一个城市发展协会。墨田区也与协会合作，希望东京晴空塔能够成为振兴整个区域的引擎。

在此处建造东京晴空塔是在 2006 年决定的。随后，东武铁道公司建立了项目的运营公司，于 2008 年开始建设，并于 2012 年竣工。整个过程由东武铁道公司带头。项目中的商务办公开发也由东武铁道公司负责。铁路巴士总站、购物中心、沿河滨水开放空间和贯穿基地的道路是该项目作出的贡献（图9）。周边地区有着高度集中的古

图9　东京晴空塔项目中沿着运河的滨水开放空间
（资料来源：TMG）

木屋，特别容易受到地震的威胁，因此，开发商也配备了地震疏散开放空间。

　　因为这个地区没有被认定为城市次中心，直到1990年代，该地区才在多中心城市发展战略中被TMG定位为大规模城市开发区域。当然，中央振兴区域包括了东京市中心的广阔区域，该项目的区域被包含在东京城市规划愿景（2001）中的中央振兴区域内才使得大规模的开发成为可能。在此背景下，当该地区在2006年成为新数字电视大厦的选址后，墨田区立即对东京晴空塔项目周边地区制定了非法定的城市发展总体规划，并将该项目定位为国际旅游中心，以利用这座新塔的吸引力。

　　基于这一总体规划，墨田区修订了法定城市总体规划，为这一地区的分区变化作准备。随后，基于墨田区的申请，TMG正式将项目所在地由工业分区改为商业分区，于是，容积率从300%涨到500%。此外，依照墨田区分区规划，也更改了该地区的限高。东京晴空塔是免除高度限制的，项目所在地的高度限制被放宽到150m，从而使东武铁道公司开发了一个一流的高层办公大楼与东京晴空塔并驾齐驱。

　　该区域位于认定的重点城市再开发地区以外，所以城市再生特别地区计划无法适用，因此，该区域的容积率和其他发展权利是通过分区法规的变化被赋予的。换句话说，容积率的增加是在传统的独立式发展权利体系中实现的，因为容积率在分区变化后不带任何条件地增加了，开发商没有义务去作贡献。有人认为是开发商（东武铁道公司）、墨田区、TMG 通过制定非法定城市发展指导方针建立的共识促成了合作，实现了容积率的增加。可以看出，在城市再生特别地区计划无法适用的情况下，关联式发展权利体系的本质通过非法定城市发展指导方针得以实现。

五、结语

如果基于项目的方法能够有效地实现城市的战略愿景，那么，独立的项目就需要与周边地区有所关联，并最终将城市地区作为一个整体。本文通过研究东京的城市发展经验，探讨基于项目的方法如何从城市发展战略的角度运行。总之，我们希望从以下三个方面总结研究结果：制度框架、规划演进和自组织管理。

第一，规划概念的变化和管理框架的分析以及案例研究表明：自 2000 年以来，东京的城市发展方式已经从基于规划向基于项目，从独立式向关联式发展权利体系演变，不仅在制度层面上，也在实施层面上。此外，容积率增加的方案，根据案例具体分析，灵活应用。在已经实施的两个案例中，城市再生特别地区计划在大手町项目中为 TMG 运用关联式开发方法提供了有效的方案。通过东京晴空塔项目可以确定，灵活地改变正式的分区法规可以赋予发展权利，条件是项目受到大多数居民的欢迎。

第二，规划方法的不断演进是东京的特征。为了克服僵化的、长周期的法定规划的缺点，TMG 运用了一系列针对整个城市的非法定战略计划和既针对大规模城市更新项目也针对周边地区的城市发展方针。因为它们是非法定的规划，可以根据不断变化的环境灵活修订，因此具有不断演化的特征。基于全市的战略计划，三个案例中都有非法定城市发展指导方针的制定，或在项目中，或在项目周边。这些指导方针用于市政当局判断项目的可行性。非法定规划的优点是可以根据该地区发展的进度或社会和经济条件的变化灵活修改。

第三，日本规划体系也在这一战略和进化方法中受益。在日本规划系统中，法定的长周期的城市总体规划对开发活动不具有法律约束力，只作为具有法律约束力的分区规划修订的参考（kidokoro，2008）。因此，城市总体规划的细节是公开的，可以有不同的理解，只要与预先确定的城市总体规划没有明确的冲突，非法定的战略规划可以灵活制定。

第四，在制定非法定城市发展指导方针的过程中，自组织管理对于促进业主、开发商和城市管理局之间的相互理解和信任至关重要，是提出和评估项目贡献的协商基础。

参考文献

[1] ALLMENDINGER P，HAUGHTON G. Soft spaces，fuzzy boundaries，and metagovernance：the new spatial planning in the Thames Gateway [J].Environment and Planning A，2019（41）：617–633.

[2] DAHIYA B.Cities in Asia，2012：Demographics，economics，poverty，environment and governance[J]. Cities，2012（29）：S44–S61.

[3] COUCHI C，FRASER C，PERCY S. Urban regeneration in Europe[M]. Wiley–Blackwell，2003.

[4] COUNSELL D，HAUGHTON G，ALLMENDINGER P，et al. New drections in UK strategic planning：from development plans to spatial development strategies[J].Town & Country Planning，2003，72（1）：15–19.

[5] DESFOR G，JORGENSEN J. Flexible urban governance：the case of Copenhagen's recent waterfront development[J]European Planning Studies2004，12（4）：459–477.

[6] FEIOCK. Metropolitan governance：conflict，competition，and cooperation[M]. Georgetown Univ. Press，2004.

[7] GULGER J. World cities beyond west：globalization，development and inequality[M]. Cambridge，Univ. Press，2004.

[8] HAMNETT S，FORBES D. Planning Asian cities：risks and resilience[M].Routledge，2011.

[9] HARVEY D. From managerialism to entrepreneurialism：the transformation in urban governance in late capitalism[J]. Geografiska Annaler，1989，71 B（1）：3–17.

[10] HEALEY P. City regions and place development[J]. Regional Studies，2009，43（6）：831–843.

[11] HORAN C. The politics of competitive regionalism in Greater Boston[J]. J. of Urban Affairs，2009，31（3）：349–369.

[12] JENKS M, et al. World cities and urban form：fragmented，polycentric，sustainable[M]. Routledge，2008.

[13] KENNEDY L. Regional industrial policies driving peri–urban dynamics in Hyderabad，India[J].Cities，2007，24（2）：95–109.

[14] KIDOKORO T, et al. Sustainable city regions：space，place and governance[M].

Springer，2008.

[15] KIDOKORO T, et al.Vulnerable cities：realities，innovations and strategies[M].
Springer，2008.

[16] KIDOKORO T, et al. Sustainable city regions：space，place and governance[M].
Springer，2008.

[17] LAQUIAN A. Beyond metropolis：the planning and governance of Asia's mega-
urban regions[M].Woodrow Wilson Center Press，2005.

[18] RAO N. Cities in transition：growth，change and governance in six metropolitan
areas[M]. Routledge，2007.

[19] SALET W，THORNLEY A. Institutional influences on the integration of multilevel
governance and spatial policy in European city-region[J].J. of Planning Education and
Research，2007，27（2）：188-198.

[20] SALET W，THORNLEYA，KREUKELS A . Metropolitan governance and spatial
planning：comparative case studies of European city-regions[M].Spon Press，2003.

[21] SCHIMIDT S. Land use planning tools and institutional change in Germany：recent
developments in local and regional planning[J].European Planning Studies，2012，
17（12）：1907-1921.

[22] SEGBER K. The making of global city regions：Johannesburg，Mumbai/Bombay，
Sao Paulo，and Shanghai[M].The Johns Hopkins Univ. Press，2007.

[23] WU F，ZHANG J. Planning the competitive city-region：the emergence of strategic
development plan in China[J].Urban Affairs Review，2007，42（5）：714-740.

[24] ZHAO P. Sustainable urban expansion and transportation in a growing megacity：
Consequences of urban sprawl for mobility on the urban fringe of Beijing[J]. Habitat
International，2010，34：236-243.

法国城市规划体系和"大都会范式"

Jean-François Doulet[1, 2]

（1. 巴黎第十二大学城市规划学院，巴黎 75020；

2. 中法城市与区域科学研究中心，南京 210023）

摘 要：全球化经济的语境下，提升大城市的竞争力成为全世界许多国家政治日程的核心。大多数情况下，这暗示着重组城市管理体系，并针对关键问题进行战略性规划。最近 15 年来，"大都市范式"深刻影响了法国城市规划体系的改革。法国政府在 2010 年建立了一个新的立法体系，并最终在 2014 年创建了一个新的行政机关：行政市区。从 2015 年开始，法国大城市的治理方案将全面提升：建立大巴黎都市区、大里昂都市区、埃克斯－马赛－普罗旺斯大都市区和 11 个中等规模的大都市区（里尔、斯特拉斯堡、格勒诺布尔、尼斯、图卢兹、波尔多、南特、鲁昂、雷恩、蒙彼利埃和布雷斯特[①]）。"大都市范式"对法国城市规划体系的影响主要体现在三个方面：①"大都市范式"最近在法国得到肯定；②对城市管理的分权制思维的质疑；③重新调整城市项目的管理。

关键词：大都市范式，城市规划体系，重构，法国

一、"大都市范式"最近在法国得到肯定

最近，大都市的概念已经出现在公共政策中。在 2000 年，法国规划委员会（DATAR[②]）才着手在大都市地区进行一些研究（A. Motte，2007）。大都市区最早在 1960 年代被用作国家规划战略的一个分类，当时法国领土边缘的一些城市被定义为"métropoles d'équilibre"（大都市平衡区），用来消减巴黎的巨大影响力，并支持区域的发展。它们的都市职能是基于国家利益的。2000 年，大都市地区以一个新的角度引发讨论：全球化经济的背景下，大城市的都市职能应该支持其经济实力。提升大城市的都市职能是当时对经济危机的一个回应。

2010 年，法国政府通过了一项致力于建立行政大都市区的法律，又名《地方政府

---

① 对于最后两个城市——蒙彼利埃和布雷斯特来说，向大都市地区的转变不是自发行为，而是当地决策。

② Délégation à l'Aménagement du Territoire et à l'Action Régionale，创建于 1963 年，并于 2005 年成为 DIACT（Délégation interministérielle à l'aménagement et à la compétitivité des territoires）。

改革法》①。从很多方面来看，这是对始于 1980 年初的法国国家权力下放政策的延续，并通过 1990 年末加强社区间合作的法律 ②（又名 Loi Chevènement③）得以加强。法国政府用了大约 40 年时间支持建立强有力的分权行政实体，名为 intercommunalité（自治市协会），行政都市区（AMA）是它们最集中的表现形式。法国东南部的尼斯市首先依法创建了一个行政都市区：尼斯大都市区。

2014 年，一个新的法律通过，使 AMA 的创建具有了强制性，该法被称为 Loi de Modernisation de l'action publique territorial et d'affirmation des métropoles④（《领土公益行动现代化和大都市区批准法案》）。这部法律创建了两种类型的大都市区：一般大都市区，即超过 400 万居民的城市（里尔、斯特拉斯堡、格勒诺布尔、尼斯、蒙彼利埃、图卢兹、波尔多、南特、布雷斯特、雷恩和鲁昂）和特殊大都市区，即巴黎、里昂和马赛这三个法国最大的城市。政府将巴黎、里昂和马赛区别对待的主要原因是它们的地方治理特殊性。

二、城市战略重新关注经济发展

"大都市范式"将城市政策的重点放在经济发展上，使大城市转变成为支撑国家经济增长的战略重点。做强城市的想法主要建立在认为法国经济在下滑（F. Gilli，2014）的观点之上。大都市已经成为国家和地方在发展战略方面的一个共同代表。竞争力是在全球化中成功的关键。在法国，为保证国家的利益，发展重点的转变主要由国家进行。法国已经把"大都市"改革作为国家的当务之急。大都市应"增强国际竞争力水平，并使其影响下的地区受益"⑤。

这一构想基于法国城市研究方面的新做法——着眼于城市新动态和城市治理背后的新动力的研究。此外，城市应该是从"大都市优势"的经济效应中获益的空间条件（L. Halbert，2010）和私人投资的受体空间，并营造公共 / 私人合作的新愿景。着眼于法国三大城市，里昂在推进连贯的可执行的经济战略方面，已经成为公私紧密合作的大都市发展典范。由于都市的高集成度，大里昂地区（更大范围的里昂都市区）被赋予了特殊的行政地位⑥。

---

① Loi sur la réforme des collectivités territoriales，2010 年 12 月 16 号。
② Loi relative au renforcement et à la simplification de la coopération intercommunale，1999 年 7 月 12 号。
③ 前内务部赋予它的名字（ministre de l'intérieur），Mr.Jean-Pierre Chevènement。
④ Law 2014 年 1 月 27 号。
⑤ 来自 2014 年法准备稿中的合法文本。
⑥ 它不是一个社区间的组织（intercommunality），而是一个特殊的自主管理单元（类似于公社，是区域层面的一个部门）。

为了给大城市提升竞争力创造路径，2014 年，法律扩大了大都市区在经济发展方面的权限：他们都参与了"pôles de compétitivité"（增长核）①的管理，可以为加速企业技术升级提供股本。此外，他们也可能获得从更高行政层次转移的权限：从相关部门②转移的经济开发区管理权和为推进国际经济，从区域③转移的发展区域经济的权限。

根据法律规定，行政都市区必须制定规划策略，并优先关注两个主要的方面："包容性和竞争力"。对大城市而言，在经济的发展和社会的包容之间寻求平衡是当务之急。近 10 年来，关于 1994 年巴黎大区总体规划修订④的争论就可以证明将大都市维度的竞争力纳入规划战略十分困难。法国政府希望通过建立一个新的交通网络来支撑巴黎郊区强劲的经济簇群的发展，进而建立有竞争力的大都市。它忽略了巴黎大区是在法律上对规划策略具有控制权的，由于没有充分地从大都市的角度整合发展战略，1994年修订版区域总体规划的通过遇到了许多障碍。只有经过长期的谈判，地区同意整合大都市发展战略的元素后，修订版总体规划才能通过（图 1）。

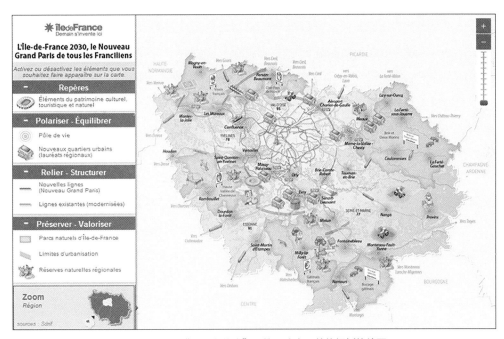

图 1　整合"大都市范式"后的巴黎大区总体规划修编图
（资料来源：IAU Ile-de-France）

---

① 国家在 2005 年创建的促进创新的经济集群。
② 该部门是指区域分支部门，法国有 96 个这样的部门。
③ 该区域是指国家分支部门，法国有 22 个这样的部门。
④ Schéma Directeur de la Région d'Ile-de-France（SDRIF）。

为了保证"包容性和竞争力"的平衡发展，国家正在授予大都市地区新的职权，特别是在住房政策和环境管理方面。法国大都市区正在获得更多的政治权力以承担更大的责任。

三、对城市管理分权制的质疑

"大都市范式"是法国对"各自为政"的城市治理的批判的开端（P. Kantor，et al.，2012）。行政大都市区回应了简化极其复杂的行政组织的需要。虽然少数地方当局的一些强硬手段似乎是决策更高效的秘方，然而在强大的民主文化的背景下，其结果并不是前决策者的消失，更多地是政治博弈的重组。

当前的治理方案是在行政权力彻底下放（始于 1980 年代初）的过程中产生的：建立独立的地方当局和弱化国家权力。权力下放的改革有两个主要特点：各行政级别平行化和各市政当局（社区）自由联系的可能，以创建协会（intercommunalités）。最近的变革是：①地方事务中国家的回归；②建立行政事业单位成为一些市政当局（社区）的硬任务。

（1）对于许多观察家而言，过去 15 年中，法国政府已经变成地区事务的干涉者，特别是提出了建立都市区作为当务之急。当我们再次来看法国的三大城市，除了里昂，通过特殊的国家支持机构：大巴黎特派团和埃克斯 - 马赛省特派团，国家成了巴黎大城市地区和马赛大城市地区决策过程的主要操控者。这些机构与当地决策者 起精心地为将开始于 2016 年的新行政都市区的良好运转制定条件。马赛的案例是体现国家影响力的典型，而且还发生在大多数地方政治参与者都反对的情况下。

（2）截至目前，创立协会（intercommunalités）主要是公社自身的积极性。自 2000 年开始，创立联合市镇不仅已经得到国家支持，还取得了国家强制。2014 年 MAPAM 法给出了创建新行政都市区的严格时间表。如在巴黎，该法要求在法兰西岛地区内，巴黎外，建立城市联合协会。

建立大都市区背后的主要困难是平衡地方权力，因为它们是基于协会的结构，如巴黎和马赛：一些地区担心在该过程中处于不利地位，特别是在他们已经获得多年的政治合法性之后。

四、重新调整城市项目的管理

在法国，"大都市范式"强调重要的城市战略项目，在法律文本中被称为"大都市的利益操作"。规划策略要适应管理的重新调整，因为塑造大都市需要用全面的视角定义共同目标和重点项目。

自 1960 年以来，法国城市规划体系的历史已经从主要由国家进行的"基于操作的城市发展"转变为"基于项目的城市发展"。基于项目的城市发展（法语中为 le projet urbain）是一种更灵活的、公私兼有的、管理参与型的城市规划，是"后现代城市规划"或"交互城市规划"的一种表达形式（A. Levy，2006）。最近创建新行政都市区的法律强行给城市项目的影响增加了一个重新调整后的要求：必须服从"大都市利益"。其结果是当地的城市规划不仅要将推进城市项目作为本地策略，同时要与大都市战略相一致。这就是规划大都市地区可能需要更新现有工具的原因。

2014 年的 ALUR 法 [1] 修改了当前的规划工具，使其适应城市的新都市维度。在未来的大都市区，目前的规划工具，即 SCOT（Schéma de Cohérence Territoriale）和 PLU（Plan Local d'Urbanisme）将适应新的大都市范围。ALUR 法要求当地城市详细规划（PLU[2]）的设想不能像如今一样停留在自治市的水平，而是应该达到联合自治市的水平。这个新的文件被称为 PLUI，即 Plan local d'urbanisme intercommunal（社区间的地方城市规划）。新的大都市地区在城市规划方面将拥有更大的力量。

当治理机制很复杂时，详细的规划文件就会被创建，如巴黎大都市区（Métropole du Grand Paris）。Contrat de Développement Territorial（CDT），即地方发展计划，是地方层面的新的战略性规划文件，用以确保当地发展战略具有大都市维度。这些文件的规划边界不一定与现有行政边界一致，它们大多是依据未来交通网线的站点位置而设想的（图 2）。

通过巴黎这个特殊的例子，我们可以看到，法国通过特定的国家主导运营机构——EPA（Etablissements Publics d'Aménagement），自 2000 年起在战略性城市项目中发挥的作用越来越重要。这些机构创建于 1960 年代，当时国家是非常强大的策划者。如今复兴这些机构的目的主要是推动战略性项目。最具代表性的当然是位于巴黎西郊的拉德方斯——法国最大的 CBD 和位于巴黎西南郊区的萨克雷高地——法国"硅谷"（图 2）。

五、结语

从 2000 年起，"大都会范式"就开始重塑法国城市规划体系。它在规划体系的长期演进中的影响是什么呢？很显然，我们决定回归国家。集中以发展为导向的规划策略并不是倒退到过去的城市规划体系，而是新自由主义和相当集权的城市发展方法与

---

① Accès au Logement et un Urbanisme Rénové（Law，2014 年 3 月 24 号）

② Plans locaux d'urbanisme

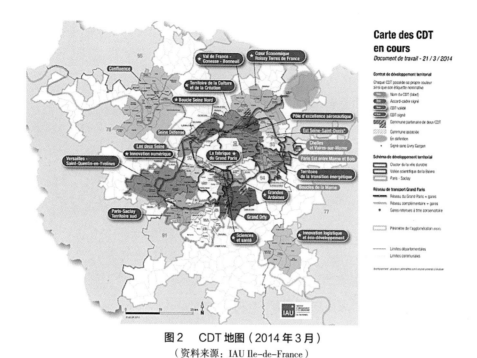

图2 CDT 地图（2014 年 3 月）
（资料来源：IAU Ile-de-France）

公正和权力下放的哲学传统交锋的挑战性时刻。对那些法国的大城市而言，它们必须自我转变成为行政大都市区，其挑战在于城市治理的调整管理，以及创建考虑当地具体情况的集体愿景的必要。

参考文献

[1] HALBERT L. L'avantage métropolitain[M]. Paris：PUF，2010.

[2] GILLI F. Grand Paris. L'émergence d'une métropole[M]. Paris：Les Presses de Sciences Po，2014

[3] LEVY A. Quel urbanisme face aux mutations de la société postindustrielle ?[J]. Esprit，2006，11：61–75.

[4] MOTTE A. Les agglomérations françaises face aux défis métropolitains[M]. Paris：Anthropos/Economica，2007.

[5] KANTOR P, et al. Struggling giants. city–region governance in London，New York，Paris，and Tokyo[M]. University of Minnesota Press，2012.

日本城市规划体系的去集权化及其未来挑战

高見沢実[1] Jangshik YOON[1]

（1.横滨国立大学城市创新研究所，横滨　2408501）

摘　要：为应对城市扩张、快速经济发展等问题，1919 年颁布的日本城市规划体系在 1968 年进行了彻底的革新。在此情况下，城市规划的主要权力从中央政府分散到了都道府县和地方团体，公众参与规程也被加入规划体系中。随后，尽管根据分区规划等的社会需求而新增了各类条款，但日本规划体系的主体在 50 年间未发生显著变化。然而，城市规划体系的改革路径带来了去集权化的趋势以及城市规划的新阶段，如人口下降、建成区缩减、老龄化趋势等。本文将介绍 2013 年在日本全国范围内进行调查统计的结果，并旨在数据的基础上提出规划制度改革方向。

关键词：城市规划法，去集权化，改革，全国性调查

一、日本城市规划体系及其去集权化

本文将介绍 1968 年颁布的规划体系（1968 年《城市规划法》）如何依据去集权化对 1919 年的日本规划体系进行彻底革新，并解释自 1968 年至今，围绕体系变革出现的社会经济变化以及当前面对的挑战。

1. 1968 年《城市规划法》及其去集权化

1968 年《城市规划法》制定和限定了中央政府、都道府县、地方团体及公众的各自角色。相比 1919 年《城市规划法》，1968 年版城市规划法具有如下特点：

（1）1968 年法将城市规划的权力给予了都道府县与地方团体，1919 年版城市规划法中，该权力属于中央政府。

（2）公众参与规程贯穿规划提案的准备及决策阶段。

这两点是对强调中央政府管制的 1919 年法进行根本性变革的基础，但这种变革在以下方面显得不够充分。

（3）城市规划的权力分配在都道府县与地方团体中呈现二元结构，都道府县握有主要决策权。

（4）城市规划的行政职能被强加于地方政府，同时，中央政府对都道府县、地方团体，都道府县对地方团体的规划决策常常进行强势介入。

（5）公众听证会并非公众参与规程的必要环节，公众参与的内容与方法模糊不清。

（6）城市规划提案的公众审查时间范围与方法不清晰，对提案书面意见的管理尚不充分。

（7）地方团体城市规划委员会并非合法组织。

（8）地方议会的意见无法被纳入城市规划决策中。

2. 随后的重新审核

1968年《城市规划法》实施后，考虑到地区层面的详细规划，分区规划在1980年开始系统化，成了支撑自下而上的规划体系的重要工具。正如本文之后将提到的，分区规划体系成了"城市规划条例"形成的开端。从促进规划强调地方特色，到在全国范围内广泛应用，为接下来规划体系近30年的改革奠定了基础。

然而，地方分权不单单在城市规划中的小范围领域内得到发展。本文将思考2000年《地方分权法》以及随后围绕未来规划体系的去集权化进行的分权改革。我们大致将按1.1中所示的元素（1）至（8）的顺序进行描述。

根据2000年《地方分权法》，此前强加于地方政府的行政职能被大量废除，大体形成了地方政权能够掌控的行政职能。至少在制度层面，城市规划体系得到了彻底的改善。对于要点（7），地方团体城市规划委员会在当时已合法化。（5）和（6）与之相似，在规划体系、城市条例及管理规程的革新下得到了显著改善。

对于要点（3），借助前后的努力，2000年《地方分权法》使规划权力逐渐向地方团体转移。近期的一个案例是"区域区分制度"[①]，制度将规划权赋予政令指定都市，并于2014年将城市规划地区的总体规划权一并赋予。

不难看出，大部分规划权已经被下放到了地方团体一级。但如调查结果所示，对于中央政府制定的"列表"，仍需要选中区划类型、划定原则及管理标准等元素。在制度下工作的城市规划官员普遍在职业生涯中未对该制度产生任何质疑，始终期待中央政府来引领他们的规划方向。另一方面，对于要点（8），尽管规划体系在纳入地方议会方面未作改变，但是在去集权化的趋势下，为了促进现状发展，有关城市规划的政策和条例越来越多地被论及。可以说，相比1968年，地方议会成员、公众和规划官员对于地方城市规划都越来越娴熟和老练了。

---

① 译者注："senbiki"制度，日语中写作"线引"，意为画线，指在城市地区区分城市化区域和城市化控制区域的线条，也就是区域区分，文中意译为"区域区分制度"。

二、城市规划的新挑战：技术的视角

1968 年城市规划体系无法很好地应对近些年产生的城市收缩问题，因为该体系主要是为控制城市快速增长的。在考虑城市规划的改革时，对以下三个观点的思考十分必要：

第一，在城市扩张时期，受区划制度的影响，土地使用发展的断层成为郊区出现大量独立住宅区开发的原因。另一方面，由于商业化趋势严重，城市中心区的人口在夜间急剧减少。同样，工业区域对居住用途排斥强烈，在用途上愈发单一。城市收缩的新运动不仅代表了对郊区土地需求的减弱，还意味着城市化区域内的土地使用将变得更为混合，每个专门区不再具有特定的单一用途。或许可以说，土地使用分区并未履行它在规划中的预期职责。

城市收缩的问题与日本试图创造城市的独特方式具有关联性，城市扩张时期，这些城市在特定的"城市规划地区"中实行了整体、综合的土地管控与开发。尽管 21 世纪初期出现了"区域区分制度"一类的行动，这一时期仍然废除了"城市规划地区"的概念，将城市规划纳入全国土地利用的统一管理下。当微小的管理力量应对城市区域（而不是整个城市）的无序外延生长时，对区域进行整体管理显得更有必要。

第二，日本的去集权化与美国新城市主义中的去集权化程度具有明显差异。例如后者提出了运用当地条例重编区划代码。这不仅表现出日本的去集权化不够充分，也说明了城市规划体系对地方化的忽视。显然这与提倡城市无差别统一发展的时代有关。然而，在城市凭借其地方特色争奇斗艳的当下，这种体制变为了负担。试图在"城市规划条例"的限制下创造地方特色的一类方法，无法体现出规划的真正用途。彻底变革规划体系本身的时代已经来临，在这个时代，地方团体握有规划权力，并能够管理地方区域。

第三，在这种情况下，尽管目前的城市规划体系确定了分区，但实际建设项目受限于《建筑标准法》。这种矛盾必须得到解决。分区规划体系对解决上述问题起到了重大作用，随着体系的不断修订，它考虑到了设计、构成，甚至绿化方面品质的提升。但根据法律要求的基本列表，地方团体对它的改动余地不大。此外，由于分区规划被设计为建立独特的地方形象共识的手段，故不能采用通用性方法。地方区域将会制定规划纲要并实施一系列规划判断，相关体系的创建非常必要。

在美国区划中，编码的制定非常精确（包括对形式的限制等）。新城市主义试图将这些编码随机化，转变为另一种编码，构建一种人们能够"进入并生活"的空间。这种精心设计的编码与日本的区划体系无缘，只能根据分区规划应用于部分地区。但是，日本大多数建成区处于分区规划区外，要构建上述空间，更需要努力增加在完善编码的同时能够判断整体质量的地方区域。

如上所述，由过时的规划体系向地方团体掌握规划权的结构转变中，我们同样需要寻找一种体系构建方式，在城市规划体系中巧妙地联系和管理城市中的多方力量。

三、对城市规划官员的全国调查

现今的城市规划官员将对以上挑战作出怎样的回应？为了找到答案，我们对日本全国各地的 1370 个地方团体进行了调查，其中包含城市规划地区。调查函于 2013 年 11 月中旬至 12 月初通过信件发送，回复同样采用邮寄的方式收集。共收到回信 725 件，回收率为 52.9%。

1. 调查内容

主要问题如下：

（1）城市规划体系相关

Q1. 规划体系是否存在问题？（特别是区划分区、分区规划、地方规划体系）

Q2. 具体何种体系存在问题？

Q3. 存在什么样的问题？

Q4. 问题背后的成因是什么？

Q5.《城市规划法》或《建筑标准法》应如何规定？

Q6. 以上法规应如何完善？

Q7. 完善上述法规应通过何种程序？

（2）新的城市规划及地方规划的构建 / 您心目中的实例

Q8. 请解释一下您心目中的规划新对策。

Q9. 实现新对策所需的创新 / 努力以及所得的收获。

（3）私营部门（1）针对城市规划提案制度的对策。

Q10. 城市规划提案制度过往的成就。

Q11. 提案体系应用上存在的问题及挑战。

Q12. 体系的未来应用。

Q13. 城市规划提案制度的问题，或让私营部门的提案更容易被接受的方法。

（4）私营部门（2）关于城市规划条例的对策

Q14. 目前是否存在或是否即将颁布能够提高地方规划（城市规划）公众参与度的城市规划条例？

Q15. 如存在此类条例（包括存在提案意向），其内容与目的是什么？

Q16. 如存在此类条例，其特点是什么？

（5）其他挑战

Q17. 面对现状情况或挑战，在未来需要怎样的考虑？

问卷回收率　　　　　　　　　　　　　　　表1

都道府县	地方团体（个）	发放数（件）	回收数（件）	回收率
北海道	179	99	47	47.47%
青森县	40	25	16	64.00%
岩手县	33	25	14	56.00%
宫城县	35	33	11	33.33%
秋田县	25	18	9	50.00%
山形县	35	30	12	40.00%
福岛县	59	44	16	36.36%
茨城县	44	44	18	40.91%
栃木县	26	26	11	42.31%
群马县	35	27	15	55.56%
埼玉县	63	61	37	60.66%
千叶县	54	48	33	68.75%
东京都	62	57	35	61.40%
神奈川县	33	32	23	71.88%
新潟县	30	24	16	66.67%
富山县	15	15	7	46.67%
石川县	19	17	8	47.06%
福井县	17	14	7	50.00%
山梨县	27	20	10	50.00%
长野县	77	42	31	73.81%
岐阜县	42	38	25	65.79%
静冈县	35	32	17	53.13%
爱知县	54	51	38	74.51%
三重县	29	25	16	64.00%
滋贺县	19	19	13	68.42%
京都府	26	22	10	45.45%
大阪府	43	43	29	67.44%
兵库县	41	39	16	41.03%
奈良县	39	28	10	35.71%
和歌山县	30	23	10	43.48%

续表

都道府县	地方团体（个）	发放数（件）	回收数（件）	回收率
鸟取县	19	13	6	46.15%
岛根县	19	13	6	46.15%
冈山县	27	21	6	28.57%
广岛县	23	20	12	60.00%
山口县	19	17	8	47.06%
德岛县	24	14	6	42.86%
香川县	17	16	7	43.75%
爱媛县	20	17	8	47.06%
高知县	34	20	8	40.00%
福冈县	60	51	29	56.86%
佐贺县	20	16	5	31.25%
长崎县	21	20	10	50.00%
熊本县	45	20	11	55.00%
大分县	18	16	9	56.25%
宫崎县	26	19	8	42.11%
鹿儿岛县	43	35	16	45.71%
冲绳县	41	21	10	47.62%
总计	1742	1370	725	52.92%

2. 调查结果概述

由都道府县发放与回收的问卷数量如表1所示。总回收率为52.9%，在大型城市中超过60%，小型县区仅超过40%。

3. 调查结果

下面将主要分析问题1至问题9的结果，将它们与城市规划的去集权化尽可能地联系起来，有关自下而上规划体系的问题集中于问题10至问题16，详细内容在另一篇论文中讨论。

（1）城市规划体系相关

```
问题1
规划体系是否存在问题？（特别是区划分区、分区规划、地方规划体系）
a）存在很大问题
b）存在一定问题
c）没有问题
```

结果：

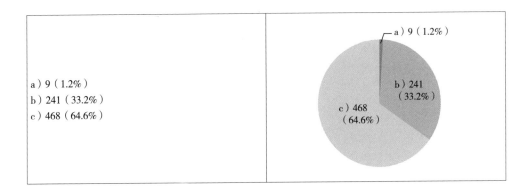

a）9（1.2%）
b）241（33.2%）
c）468（64.6%）

仅有 9 票认为规划体系存在"很大问题"，约 1/3 表示"存在一定问题"，其余 2/3
则认为"没有问题"。

问题 2
如果您在问题 1 中选择了 a）或 b），具体何种体系存在问题？（自由作答）

从选择"存在很大问题"与"存在一定问题"的回答中可看出，主要问题为：
①尽管权力出现分散化，都道府县的协商会仍然同从前一样，基于上级的一句"允许"
来处理问题，这样的程序显然存在问题。②很多调查结果表明，现有的规划体系不能
顺应当前城市发展趋势与社会经济走向的挑战。例如现有体系不适用于城市收缩与法
律废止。③在技术角度出现了如下问题：在由许多区域融合并和谐共存的地方团体中，
条例中权力的分配不平等。此外，区划体系并不适合小城镇（城市规划体系起初便是
适用于与大型城市的）。

问题 3
如果您选择了 a）或 b），您认为以下哪项是问题所在？（可多选）
a）很难改变已经被认定的内容
b）不合理的条例引发了愈发严重的问题
c）由于体系的复杂性，实践应用较为困难
d）由于条例放缓的需求，我们正面临更多困难
e）我们一直无法得到强化条例规程的许可
f）其他

结果：

a）160（64.0%）

b）26（10.4%）

c）55（22.0%）

d）68（27.2%）

e）25（10.0%）

f）79（31.6%）

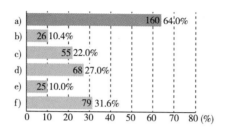

在250个认为城市规划体系存在问题的调查结果中（问题1中选择a和b），接近2/3选择了"a）很难改变已经被认定的内容"。

例如千叶县A市的政府官员认为："都道府县的生活方式已经因机动车的使用而发生变化，因此，将商业区设置在城市中心铁路站点一带的做法起不到作用。我们希望缩减商业区，将空置的购物区置换为住宅区，并提升商业密度。但是，我们无力取得更多土地所有者的赞成票。"

面对这些挑战，对于目前地方政府的道路及公园规划，中央政府已经带头给出了对其重新审核的相关导则，对区划体系的重新审核也可采取同样的方式。但是，从去集权化的角度来审视"重新审核"这件事，中央政府不仅是工作的发起方，还要基于新的规划体系展现新视野并提出技术化导则，这多少显得有些理想化。

回答"c）由于体系的复杂性，实践应用较为困难""d）由于条例放缓的需求，我们正面临更多困难"的比例相当高，超过了20%。

对于"c）由于体系的复杂性，实践应用较为困难"，三重县的B镇中有人认为，"目前的城市规划法/体系是基于大型城市的标准设置的，因此不能适应小规模村镇或城市规划地区"。

对于"d）由于条例放缓的需求，我们正面临更多困难"，栃木县的C市表示："尽管我们的城市政策是基于紧凑城市的概念，但对于缺乏管理规章的闲置土地，在城市的蔓延趋势和区划区域扩张的需求下，开发空闲地的压力依然很大。"此外，作为"将郊区已形成的城市功能带回中心城区并非易事"的例子，尽管没有减缓法规条例与政治压力的直接需求，仍很容易理解，在现有土地使用规程下建立新的政治功能非常困难。

选择"b）不合理的条例引发了愈发严重的问题"和"e）我们一直无法得到强化条例规程的许可"的数量不多，比例接近10%。可假设这两个答案与c）和d）相关，但结果证明与"a）很难改变已经被认定的内容"相关。

在"f）其他"中，有很多规程相关的回答，例如在分权化的背景下仍存在上层机构的介入，不断进行复杂修改的规程以及相对于体系构建之初显著的环境变化。此外，在技术层面始终存在问题，如分区规划的商业化难以进行，一些分区规划列表上的标准过高而无法应用，没有针对各个区域的灵活的规章内容，因此难以根据地方特点来进行体系管理（道路宽度的最低标准、道路连接规程、使用规程）。另外，有人指出《建筑标准法》无法适应现状。还有一些回答认为，土地利用法规的修改过于容易，管理"区域区分制度"非常困难，现存体系似乎不会为任何方面带来利益。

问题4

如果您在问题1中选择了a）或b），您认为问题背后的成因是什么？（可多选）

a）地方团体的权力从一开始就过于薄弱

b）收入来源不足使得万事皆难

c）时代创造的条件不佳（人口缩减/社会老龄化/土地价值下降等）

d）需要解决的问题过于复杂，需要高度专业的技能

e）行政部门的才能不足（人员短缺/工作繁忙）

f）行政部门的其他问题

g）土地所有者的理解不足

h）私营部门的理解不足

i）公众的问题（对行政部门的理解/依赖性不足）

j）其他

结果：

a）88（35.2%）

b）86（34.4%）

c）95（38.0%）

d）87（34.8%）

e）87（34.8%）

f）41（16.4%）

g）39（15.6%）

h）30（12.0%）

i）60（24.0%）

j）39（15.6%）

在250个认为城市规划体系存在问题的调查结果中（问题1中选择a和b），尽管

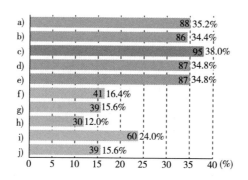

没有哪个选项得到了很高票数，但所有选项都得到了 30~90 票。

票数比例超过 30% 的前五位是"a）地方团体的权力从一开始就过于薄弱""b）收入来源不足使得万事皆难""c）时代创造的条件不佳（人口缩减 / 社会老龄化 / 土地价值下降等）""d）需要解决的问题过于复杂，需要高度专业的技能""e）行政部门的才能不足（人员短缺 / 工作繁忙）"。

票数比例超过 20% 的为"i）公众的问题（对行政部门的理解 / 依赖性不足）"，超过 10% 的有"f）行政部门的其他问题""g）土地所有者的理解不足""h）私营部门的理解不足"。选择 i）的比例高于 g）和 h）是预期之外的，表明了公众对相关部门缺乏理解的问题大于土地所有者与私营部门的问题。在城市规划的问题越发复杂之时，或许我们缺少一种能很好地反映公众意见的机制。

总结来说，与其将城市规划问题推给利益相关者，不如说更需要各个地方团体更为专门化的才能，来解决复杂的社会问题，突破权力与税收的局限性。

问题 5
《城市规划法》与《建筑标准法》的改革具有必要性。
a）非常同意　　b）部分同意　　c）不同意

结果：

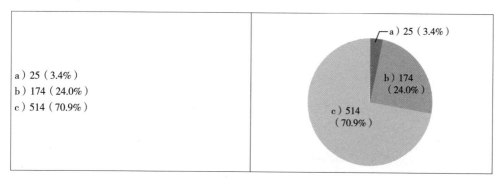

a）25（3.4%）
b）174（24.0%）
c）514（70.9%）

本题基本上直接询问了对城市规划体系改革的看法，199 票即 27.4% 的人认为改革具有必要性。由于问题 1 中 34.4% 的人回答了 a）或 b）（存在问题），可以推测，认为存在问题的人不一定认为具有改革的必要性。但大体上说，接近 30% 的地方团体看到了现状体系的问题并认为改革是有必要的。

问题 6
如果您在问题 5 中选择 a）或 b），您认为什么样的改革是必要的？（自由作答）

在 199 个认为需要进行体系改革的回答中，具体内容如表 2 所示。

应当改革的内容　　　　　　　　　　　　　　　　　　　　　表2

	内容	票数	回收率（总数199）
1	《城市规划法》与《建筑标准法》	43	21.6%
2	社会条件及位置	31	15.6%
3	地方分权	22	11.1%
4	"区域区分制度"	21	10.6%
5	区划分区	21	10.6%
6	城市规划决策、修正与废止	16	8.4%
7	与农业管理的关系	8	4.0%
8	城市规划设施	4	2.0%
9	分区规划	3	1.5%
10	总体规划	2	1.0%
11	城市官员的素质问题	2	1.0%
12	条例的放宽	2	1.0%
13	其他	21	10.6%

在问题 5 中回答 a）或 b）的总数为 199。其中，174 个回答了问题 6。考虑可多选的因素后，总票数为 196。

最多的回答是"应该对《城市规划法》与《建筑标准法》进行重新审核"，占认同体系改革必要性地区的 21.6%。

具体的意见可分为三类。第一，两部法律及相互联系都需重新审核："重新审核《建筑标准法》的群体建筑管控，并将其与《城市规划法》合并。"《建筑标准法》的条款过于复杂，应将其转化为更为简化的个体建筑管控，并将群体建筑管控与分区规划分列于单独的法律中，同时确立城市规划视角的检验机制。""群体建筑管控的放宽对《建筑标准法》的影响过大,影响了城市规划。"这类意见指出了放宽《建筑标准法》的群体建筑管控对城市规划的负面影响。第二,城市官员认为现有体系已经过时:"现有体系非常复杂,需要更加简化的版本。""《城市规划法》与《建筑标准法》都太过复杂。""法律自 1968 年以来发生了很多变化,故应该修改条款。""《建筑标准法》中的语言已经过时了。"以上的例子指出了规划体系的复杂性及陈旧性。他们希望构建出适用于现状需求的体系。第三,因为在建筑认证后,违法建筑无法得到处理,故有意见认为应将建筑认证制度转变为许可制。

第二多的回答是"改革应考虑到社会条件(如人口下降)与所在地",比例为 15.6%。具体意见如"当社会条件快速变化(如之前提到的),单是试图遏制不受控的增长在很多地区并不明智",提倡在现状社会条件下进行改革。此外,从"进行改革,或放宽小城镇的规划条例""体系的构建应具有地方性"的意见来看,比起整齐划一的体系,一套能适应地方区域特点的规划体系更加受到期待。可以认为,这就是城市规划去集权化的具体内容。

位列第三的回答体现出了地方团体与都道府县分工的模糊性,如"对去集权化的重新审核""取消都道府县在地方团体的规划决策权,尤其在地方性强烈的分区规划中""城市规划中地方团体的权力受限严重""应明确都道府县在规划中的角色"。普遍认为问题出现在规程条款中,认为地方团体应握有更大权力,都道府县的权力应当缩减。可以认为,这是城市规划规程去集权化的具体内容。

位列第四的回答有关"区域区分制度"与区划,共 21 条。普遍认为"区域区分制度应该更灵活,增强与区域的关联度"。对于"区划地区""应根据社会条件对各个地区的建筑规程进行调整""建筑形式应根据社会发展进行更新",这些意见体现出了对一些元素进行更新的必要性。还有一些意见呼吁土地的混合使用:"我们无法在第一型特别居住区(第一种低层居住专用地域)中设置便利店(人们希望能步行购物),对建筑类型的限制过于严格(我们希望有更多的办公—住宅混合区域)。"

第五,关于"城市规划决策、修正与废止",共 16 条。具体意见格外关注更加快速的废止与修正程序。

以上意见共计 154 条,认为需要进行体系改革的意见占 77.4%。

第六及后面几种意见均少于 10 条,有 8 条认为与农业管理相关,有 4 条认为与城市规划设施有关。另外 21 条意见的内容各有不同,除了有 4 条关于简化规程外,共性不强。

综上,《城市规划法》与《建筑标准法》的改革是有必要的,一个基于二者内容与规程,考虑了现状社会条件,体现去集权化的规划体系的构建势在必行。

问题7

如果您选择了a）或b），什么样的方法应该被用于改革中？

a）中央政府应当在创建新架构中积极主动

b）地方团体应当在创建新架构中积极主动

c）私营部门应当在完成更好的项目上积极主动

d）创建能够接纳更多来自非营利组织、积极公众党派的建议的体系

e）其他

结果：

a）138（69.3%）

b）35（17.6%）

c）16（8.0%）

d）17（8.5%）

e）16（8.0%）

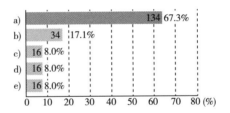

在问题5中认同改革必要性的199票中，有接近70%选择了"a）中央政府应当在创建新架构中积极主动"。仅17.5%回答"b）地方团体应当在创建新架构中积极主动"。这也是一个意料之外的结果，我们本认为许多地方团体都希望从自身出发采取行动。这样的结果也可以理解为"中央政府的主动性需要进行重大改革"或"尽管他们认同去集权化，实际上却并不试图争取自身的主动权"。本题的结果将与问题3进行关联度分析。

问题3与问题7的交叉校验　　　　表3

Q7\Q3			a）	134	b）	34	c）	16	d）	16	e）	16
a）	111	55.8%	75	56.0%	21	61.8%	12	75.0%	9	56.3%	5	31.3%
b）	19	9.5%	14	10.4%	2	5.9%	2	12.5%	2	12.5%	2	12.5%
c）	37	18.6%	22	16.4%	9	26.5%	7	43.8%	4	25.0%	3	18.8%
d）	46	23.1%	30	22.4%	11	32.4%	5	31.3%	4	25.0%	3	18.8%
e）	20	10.1%	11	8.2%	5	14.7%	2	12.5%	4	25.0%	3	18.8%
f）	50	25.1%	37	27.6%	11	32.4%	3	18.8%	3	18.8%	3	18.8%

根据上述数据可以总结出，不出于任何明确理由，地方团体官员认为中央政府应该作为改革主导者。与之相反，在问题7中选择c）的地方团体官员在问题3中倾向于选择"c）由于体系的复杂性，实践应用较为困难"。在问题7中选择b）的人在问题3中倾向于选择c）和"d）由于体系的复杂性，实践应用较为困难"。在问题7中选择d）的人在问题3中倾向于选择b）、c）、e），尤其是"e）我们一直无法得到强化条例规程的许可"。尽管不能草率地下结论，但可以看出，地方团体通常希望中央政府在体系改革中占据主动。从"应用这个复杂体系十分困难"的回答中可以看出，地方团体对依赖于国家政府这件事有些犹豫，认为"私营部门应在完成更好的项目上积极主动"。一些地方团体官员回答说"尽管我们希望规程得到强化，但未得到过上级的允许"，倾向于认为国家政府的影响力十分微弱，且"应该创建能够接纳更多来自非营利组织、积极公众党派的建议的体系"。理解了这些后不难总结出，体系的改革不一定需要国家政府全权完成。规划体系自身可以向简单化转变，同时可将更为复杂的部分转交给私营部门完成，或是由公众拟定。

下面，我们将研究询问规划系统现存问题的问题4。

问题4与问题7的交叉校验　　　　　表4

Q7 ＼ Q4		a）	134	b）	34	c）	16	d）	16	e）	16
a）	62	31.2%	42	31.3%	12	35.3%	5	31.3%	3	18.8%	4	25.0%
b）	56	28.1%	36	26.9%	11	32.4%	5	31.3%	7	43.8%	5	31.3%
c）	62	31.2%	42	31.3%	12	35.3%	7	43.8%	8	50.0%	3	18.8%
d）	60	30.2%	40	29.9%	16	47.1%	6	37.5%	9	56.3%	3	18.8%
e）	56	28.1%	33	24.6%	12	35.3%	9	56.3%	8	50.0%	5	31.3%
f）	24	12.1%	18	13.4%	3	8.8%	2	12.5%	3	18.8%	1	6.3%
g）	22	11.1%	12	9.0%	5	14.7%	4	25.0%	3	18.8%	2	12.5%
h）	18	9.0%	10	7.5%	4	11.8%	2	12.5%	2	12.5%	2	12.5%
i）	42	21.1%	26	19.4%	12	35.3%	6	37.5%	7	43.8%	3	18.8%
j）	34	17.1%	25	18.7%	6	17.6%	1	6.3%	1	6.3%	3	18.8%

与问题3相似，在问题7中回答a）的地方团体大多未在问题4中提出具体问题，而回答b）的地方团体则在问题4中提出了一些具体问题。回答d）、e）和h）的比例非常高，说明尽管对中央政府进行体系改革抱有一定期望，但地方团体更希望以自下而上的方式，由多方智囊更有效地应对新的复杂挑战。在问题7中回答c）且在问题4中回答e）的地方团体，持有与"应该创建能够接纳更多来自非营利组织、积极公众

党派的建议的体系"相似的观点。尽管趋势不如前者明显，仍可看出，在问题 7 中回答 b）的地方团体更倾向于在问题 4 中选择 d）和 i）。

总结来看，"去集权化"一般会让我们联想到规划权力向地方团体一级的转移。但是，要解决应对复杂问题的能力不足的情况，需要一种城市规划的协作方式，让技能娴熟的本地人成为解决问题的主角。

（2）针对城市规划 / 地方规划，您正进行怎样的新体系研究？

问题 8

请解释与您的新对策相关的城市规划体系、制度、规划以及导则。

迄今为止，

a）我们已经研究出了新对策

b）我们正在思考新对策

c）我们认为无需采取新对策

结果：

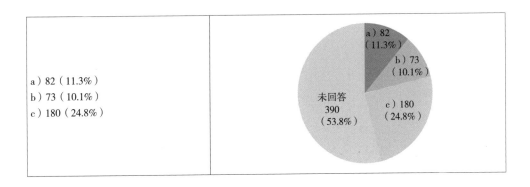

a）82（11.3%）	a）82（11.3%）
b）73（10.1%）	b）73（10.1%）
c）180（24.8%）	c）180（24.8%）
	未回答 390（53.8%）

约 10% 的地方团体官员回答了 a），还有 10% 选择了 b），加上选 c）的 24.8%，总比例约为 46.2%，即接近一半的地方团体认为采取新对策是有必要的。

可以假设，认为规划体系需要改革的地方团体更可能试图研究新的对策。对比问题 5 中回答 a）和 b）的地方团体，相似性达到了 69.3%。由于这个数字高于 50%，可以认为此前的假设是正确的。

87 个地方团体回答了 a），并列举了 90 项内容（同一地方团体提出的不同对策被分开计算，并合并相似的内容）。将该 90 项内容进行分类，其中 20 项与总体规划相关（包含景观规划），有 19 项关于保护区的规划 / 导则 / 系统化，有 13 项的内容与城市规划条例相关，10 项与区划的重新审核有关，还有 6 项针对其他程序，5 项关于城市开发与保护，4 项关于城市设施，4 项有关分区规划（另有准城市规划地区 2 项，空置房屋 1 项以及内容不明确的 1 项）。

总结来看，我们称以上内容为"新对策"，而不是"彻头彻尾的革新"，是因为各个地方团体是在现有框架中采取各自独特的对策。此处的重点并非"在现有框架中"，而是"采取各自独特的对策"。交叉校验佐证出，采取新对策的地方团体有更强的体制改革愿望。

此外，我们还在问题 9 中询问了这些新对策的独特性、竞争性与成就，由于与体系改革的主体不具关联性，具体结果在这里略过。

四、新的城市规划体系的建议

1. 基本方案

吸纳上述建议后，我们将探寻城市规划体系改革的方向。由于方向观点的一致性，这里将使用日本城市规划师协会《城市规划体系改革提案（草稿）》（2012 年 8 月）的观点来构建提案框架。

1）城市规划的决策权将给予地方团体；

2）废除乡村的"区域区分制度"；

3）制定地方团体总体规划的土地使用分类，并制定各个区域的规定；

4）群体建筑管控将从建筑认证中分离，其许可权转移到地方团体；

5）许可的标准将成为地方团体总体规划的一部分（村镇地区需遵循都道府县一级的许可，但都道府县可将权力移交给地方团体）；

6）地方规划机构由地方团体当局授权，可作为核实该地区规划与条例一致性的主要力量；

7）确定主要土地功能，确定改变的地区为"规划行动区"，并明确行动的内容。具体许可标准同 5）。

这里，我们将依照一些共同点来解释提案的内容，并说明它们与《城市规划体系改革提案（草稿）》的不同之处（以下简称"JSURP 提案"）。

1）的内容相同。

2）同样基本一致。

3）的内容几乎与 JSURP 提案相同，因为当前体系中的文件并未提及具体设计，故大体的框架是可用的。但仍有一些要点需要进行细化，如土地分类及各区规定是否能直接写入地方团体的总体规划。

4）同样与 JSURP 提案基本相同。为了将这一点通用化，我们建议采用折中的方式，在面对确实需求时授予地方团体权力，而非一跃转变为许可制体系。但这点同样需要进行细化。

5）的内容基本一致。

6）的内容与 JSURP 提案有很大差异。本文件将该部分称为"区域环境管理系统"，是一个应对建筑协议、绿色空间协议及景观协议负责的机构。虽不至于与体系产生冲突，但我们建议地方区域能基于地方团体的规划权出台自身独特的条例，以检验条例的合理性。这与《横滨市地区城市规划推进条例》相似。由于尚不明确地方区域将在检验条例合理性中承担多少责任，故这点需要进行详细说明。

7）的内容同样具有相似观点。JSURP 提案将称之为"区域政策议题"，认为那是"利用特殊条款及验收标准来解决城市规划问题的地区"。由于观点相似，不同之处就在于对问题的处理方法。例如如果可以通过区划解决，可以像 SPD（特别用途区）（纽约市）和 SAP（特别区规划）（迈阿密市）一样，在区划图中划定特别区。但另一方面，有的案例中，特定城市规划只能用于特别区，即城市更新及灾后重建等区域将受到特殊对待。由于"区域政策议题"的内容非常宽泛，我们的提案为"规划行动区"。

2. 提案内容的评价与问题

最后，面对全国调查中反映的问题，我们将通过以上提案的解决力度来对提案进行评估。

问题 1：去集权化不意味着普遍问题将得到解决。

考虑到去集权化的现实要素，可以认为，大部分问题可通过使地方团体在城市规划体系中掌握主要权力来解决。现存的区划体系由中央政府制定统一列表来发挥职能，地方团体从中选择合适的条目执行。如能够依照地方条例确立区域并形成标准，这个问题将可以得到解决。但现实问题是，地方团体不希望构建这样的体系，而希望由中央政府来制定标准。如果他们确实需要依照条例制定标准，则需要一定的决断力与技能。

问题 2：区域区分制度需要进一步改革。

现状社会环境很难支撑新的开发活动，故"城市规划地区""区域区分制度"的提案将被废除，可利用总体规划与条例对其进行管理。但在区域研究中得出了废止区域区分制度的一些不良影响。另外，对于大都市区等仍具有开发需求的地区，很难在短时间内废除该体系，需要纳入考虑的因素有很多。

问题 3：由于建筑认证缺乏灵活性，区划地区的功能紧密度不高，无法实现健康的城市规划。

在群体建筑管控得到许可的基础上，个体建筑管控应专门用来检验建筑构造或设施。传统上认为，由认证制向许可制体系的转变较为困难，目前缺乏能够作出相关判断的高技术职工，这类人员的聘用费用也将不菲。但是，该体系只要达到了启动标准，就能够给定许可，那么这些问题将可以得到解决。标准无需过多，各地区可以从基础性的必需要素着手制定。

问题4：在非必需改革的区域中，新体系的软着陆。

在非必需改革的区域中，村镇规划权可以交付给都道府县管理。但是，调查结果中对中央政府寄予的高度期望（展现了依赖性）对新体系的传播发展不利。这与问题5和问题6有一定联系，但我们需要思考，哪些区域确实需要中央政府的指引，哪些区域需要扶持政策，哪些需要非营利组织及专家的引导。这需要综合技术标准的发展，学术界或中央政府的成果，导则的制定以及多方的协商。

问题5：适应新挑战的区划调整。

地方团体可利用管理条例基于当地情况作出决策。目前，地方团体只能从统一列表中选择，或是在中央政府的解释下作出决定，假定实行规划体系的去集权化，现状环境将彻底不同。但同时需要提出一些方法，使中央政府或都道府县的通用规则得到传播，并将工作化繁为简。

问题6：才能不足或工作量过大。

应提出一种对一系列常规条例进行筛选的方法。城市规划不仅包括处理土地使用，因此有一种筛选方法也并不意味着工作量的减少。相反，需要一种全盘考虑的方法，例如提升地方职员的工作能力，特别是通过与专家的合作来解决问题。

参考文献

[1] Decentralisation Subcommittee of the City Planning Institute of Japan. Decentralisation of urban planning[M]. Gakugei publishing. 1999.

[2] YOON J, TAKAMIZAWA M. A study on proposal system to urban planning by Machizukuri Ordinance[J]. Journal of the City Planning Institute of Japan，2014，49（3）：495–500.

从理论规划到协商城市：法国城市决策的改革

Cécile Diguet[1]

（1. 法国城市管理研究所，巴黎　75020）

摘　要：1960 和 1970 年代，第二次世界大战后重建之前，法国的规划系统在城市决策方面经历了一次强有力的自上而下的改革。这个策略既是对由"婴儿潮"和前殖民地新人口迁入引发的住房危机的回应，也与公共政策的集权化趋势有关。1970 年代末的石油危机，人口增速的放缓，1980 年代的经济自由主义以及最终的全球化和经济金融化，共同导致城市决策的过程越来越复杂。如今，地方公共当局和中央政府由于自身财政权力和影响力的下降，正在努力实现城市空间发展协调一致。利害关系也不同了。除了建设新住宅、办公楼和公共设施外，法国面临着提升旧工业社区的挑战，这些地方丝毫没有城市一体化和社会凝聚力，而且常常全部是社会住宅。2000 年，新的参与者们大量出现。开发商、人口部门、民间组织、私营部门、公共机构、公共部门都在学习新的方法以推进协商性城市决策的进程。笔者将介绍城市决策系统如何从被动接受的境况转变为一个更加丰富的进程。

关键词：城市决策系统，演化，空间协同发展，住房，法国

一、自上而下的过程和技术方法：1950—1970 年代的城市决策

1. 背景

战后和石油危机前期的主要特征如下：

首先，三个原因导致极端紧急的住房建设。首先，一些城市在战中或战争结束的时候已经被严重破坏，例如 Le Havre，Caen，Cherbourg，Nantes（总约 50 万住宅）。此外，法国经历了从 1942 年持续到 1965 年的"婴儿潮"，平均一个妇女生育 2.6~3 个孩子。最后，1967 年，法国迎回了来自前殖民地北非（以阿尔及利亚、摩洛哥和突尼斯为主）的约 14 万人。

快节奏的人口增长造成了大量棚户区的产生，尤其在巴黎的边缘。其中之一是臭名昭著的楠泰尔区，也就是拉德方斯 CBD 的前身。这种局势在其他不健康的地区也在加重。

事实上，在1946年，12.6万现存住房中，1/3过度拥挤，一半没有自来水，42%的巴黎人居住在过度拥挤或不健康的住宅中。

1954年的冬天极其寒冷（-15℃），但许多人却居住在贫民窟、街道或没有供暖的住宅中。

关于这种情况，政治和人道主义人物——皮埃尔引发了集体意识，国家开始制定大规模的住房建设计划。事实上，第一个重建计划主要集中于基础设施和工厂建设（1947—1952年）。

与此同时，混凝土行业寻求发展成为政府层面的一个强大的游说理由。在紧急情况面前，它提出了预制过程，这将促使一年时间建造的住宅达到50万（相比于1950年之前的5万/年）。

城市蔓延不受环境问题的限制。同时，汽车工业发展成了城市独特的风景，电车系统消失，新社区选址远离城市中心、服务设施、商店等成为可能。

最终，法国教育系统培养的高水平的工程师，尤其是来自高等桥梁和道路学院的工程师，领导了大规模的住房生产。

2.城市决策过程：反复和中央政府干预

为了应对住房需求，尤其是来自特殊阶层的住房需求，规划和建设方法将遵循以下几条原则：

（1）建筑和城市形式的复制，私人和公共住宅建造方法的复制（混凝土的、工业化的、预制构件的）。

（2）低收入人群的社会存量住房得到巨大发展，为其带来现代化的舒适条件（水、暖），但这些建筑的质量往往非常低劣。

（3）基于城市蔓延侵占农业用地的土地策略（同时，农业进入集约化和产业化）。

行政进程被称为"ZUP"，意思是重点地区自1958年起优先进行城市化：

（1）政府决定发展有住宅和公共设施的新住区；

（2）至少500户，但多数情况下会多很多；

（3）中央政府资助这些工程，提供城市规划和方案；

（4）公共开发商购买和征用土地使其适于建设，之后卖给建设者。

与此同时，私人市场主要是个人住房。

二、自上而下的技术进程：结果和问题

1."大型社会住宅区"：社会住宅大庄园

社会住宅也许是那个时期城市化更为引人注目的方面。从1950年代末到1970年

代末，数以千计的住宅建成。

这一政策的主导机构是法国信托局——一个国家银行，负责为大多数的建设行动提供经费。建设项目则由路桥工程师们实施，他们认为城市规划只是一个单纯的技术问题。

从1958年到1968年的10年间，195个ZUP被创建实施，提供了超过80万的住宅。速度的确很快，但也引发了一些问题：

由于这些地方大多数是社会住宅，经济和社会问题开始滋生。渐渐地，中产阶级离开了这些地方，更加贫穷的人和外来移民住了进来。1973年的经济危机和逐渐开始的去工业化使这种情况变得更加糟糕。

大多数的社会住宅地区与工作地、社会服务和商业地区相隔离：这些地区被称为"卧城"，大多数情况下，没有公共交通到达这些地方，人们居住在这里十分压抑。

随着能源危机的到来，建筑物恶劣的能源性能成为一个日益严重的问题。

建筑工艺和材料质量的低下导致建筑加速老化。

由于社会住宅公司后期维护不到位而可能导致的电梯维护问题、广泛意义上的绿化空间问题等。

由于上述原因，ZUP在1968年全部停止。

发展的速度、对工业生产的幻想和面对危机时的压力使人们忘记了城市生活的复杂性：混合土地使用的必要性、机动性需求和人文因素。石油危机也改变了城市的范式。

今天，这些地区依然是问题高发区，因为它们集中了许多凌驾于城市问题之上的社会问题、经济问题，甚至是种族问题。

发生在20世纪90年代和2005年的暴动都证明了那里的民众在持续地经受苦难。

2. 个人住宅区

当时，个人住宅社区依靠小建设者和基于个人所有权的个别计划，尽管其位置偏远，并且在低密度地区建设网络（气、电、排污……）成本较高。

在20世纪的后半段，产生了两种类型的个人住宅区：

1950—1960年代：排屋、半独立房屋、小地块房屋，街道直接连入城市道路网，建筑结构和材料丰富多样。

1980—1990年代：占据较大地块的房屋，以独立式住宅为主，最重要的特点是与城市道路相分离的自主型尽端路和集体的户外空间，建筑结构和材料呈现出均匀性。

根据住户收入的不同，这些地区如今也面临着一些挑战：

（1）由于低密度，实现机动性的成本很高，意味着高油耗或不具备经济可行性的公共交通系统。

（2）建筑方法和材料低劣导致高水平的建筑能耗（这只针对 1973 年之前建成的房屋，石油危机导致居住隔离改善，以减少能耗）。

（3）社会同质性（年龄、住房结构、收入……）导致了公共设施循环使用的压力和社会分裂。

（4）由于收入差距和业主矛盾产生集体空间维护问题。

三、尝试进行城市生活复杂性整合的更新治理

20 世纪 60 年代末，大规模社会住宅生产已经明显失败，产生了一些新概念：

建设新城以平衡用地，尤其是巴黎的发展。

使用新方法建设社区：ZAC，即协调发展的区域，其目的是赋予地方当局更大的权力，并重新建立公共和私人发展商、土地所有者、建筑师、规划师之间的关系。

1. 新城：重新建设但建设得更加智慧

新城建设依旧符合当时占主导地位的自上而下的城市规划。国家决策新城的选址和建设方式，并付诸实施，目前的一些新城建设依旧如此。国家有完整的城市规划能力进行具体的周边创建（国家利益的操作）。

从 1970 年代起，巴黎周边规划了 5 个新城，法国境内还有另外 4 个新城以应对孤立的 ZUP 的失败，并试图重新创建一个混合功能的城市。

"大型社会住宅区"成为新城建设的反面案例。

新城要寻求职住平衡来实现自给自足。新城也应成为为郊区提供服务和公共设施的城市中心。

国家创建公共实体来管理这些城市。他们选择城市的位置，主导规划和建设并落实工作。

他们可以用新的工具来进行规划，像 ZAC 一样，更加灵活（参见下文）。最重要的是，他们可以用低价购买土地以获得全面的土地调控，避免城市随机的扩展并预见城市的发展。

即使国家拥有最终决策权，地方当局和私人发展商也构成了合作伙伴。这些都是协商型城市的萌芽。

再一次的石油危机使新城市的建设更加困难，相比预期，需要花费更多的时间来建设、运营新城，来使其充满活力，实现混合使用。

2. ZAC——建设混合功能城市的新工具

ZAC 的方法创建于 1967 年。

新城是巨大的社会住宅生产失败导致的产物，没有公众参与，在观念和执行上缺乏机构和技术的多样性，对环境也没有整合。

由于主要是社会住宅，私人合作伙伴，如开发人员缺席 ZUP 的发展。而一个地区的公开城市发展应为其参与创造条件。

有些人意识到，在国家的宏观管控下出现的重复建筑与城市类型，标准化的郊区对景观造成了影响。

另一个因素则是已经开始的去工业化需要处理原先的复杂建成区（例如原工厂地区）。虽然大多数的 ZUP 和新城是在农田上创建，城市更新在 1980 年代开始逐渐变得比较常见。

ZAC 的方法旨在建设一个社会住房和私人住房、办公楼、公共服务混合的城市。

附加价值由公共和私营部门共享，通过一个参与系统，每个部门都为集体投资负责，例如道路、服务设施、网络的投资等。

公共或公私实体导致发展阶段变得可参与，与土地所有者协商土地价格，与开发商协商开发后的土地价值。其选择的区域的城市规划师，主导经营的财务平衡。

ZAC 至今一直是一个适应性很强的工具。从 1980 年代起，中央政府向地方当局分权的政治倾向确实改变了城市开发工具。现在 ZAC 由地方实体自身的举措变成了开发商。民间社会可以更好地参与城市决策，广泛的合作伙伴也可以在城市发展过程中参与进来。

3. 21 世纪：战略方法在规范性文件中崛起

一个名为 SRU 的新法律（社会和城市更新）在 2000 年通过。

这是当时工作方法的巨大改变。

当地的城市规划不再仅仅是一些严格框定当地发展的条款规定，还包括就可能的发展项目与所有者、开发商和居民共同协商的一种战略性的展望。

通过 PLU，这在日渐式微的 ZAC 中成为可能，也变成了城市日常管理的一部分。

PLU 由一系列文件组成，其中之一被称为 PADD（可持续发展规划），展望城市未来并制定策略。这个文件对模棱两可的条款和一些复杂情形进行具体阐释，以避免司法纷争。

PLU 在 ZAC 之外，使地方当局主导三重策略：

（1）通过区划条例、停车规定、土地需求等规范蔓延发展；

（2）给定战略领域的发展方向以引导私营部门；

（3）将每一个行动整合纳入全球视野。建立新的伙伴关系，使城市和民间社会参与的重要性日益增加。欧洲，包括法国在内，自 2008 年以来就面临着持续的经济危机。中央和地方政府越来越不能通过直接购买土地使其协调长远发展。它们需要寻找新的伙伴，同时保持控制权。与此同时，城市决策变得更加复杂，长期影响和可持续性成为项目构思的核心，这不仅是为了保护环境和社会正义，也为了使投资为大家营利。

1）私人开发商

在法国，开发商通常专注于开发住宅、办公楼或者商场中的一种。

他们对市场和用户的需求有深刻的理解，首要目标是通过房地产产品的销售营利。

虽然当地政府希望平衡、融合、精明增长，但一些开发商仍然倾向于密度最大化，根据投资的可持续性，在全市建立封闭的实体，最大限度地降低城市生活质量。

在两种理念的城市发展之间，城市规划师和设计师的实践，例如城市法案，在设计谋划满足公众和私营部门的项目方面发挥着越来越重要的作用。

这些团队在城市中起到调解的作用。

有时效力于倡议者（私人承包），有时效力于地方当局（公开招标），有时效力于公共部门和私营部门责令的共同研究或项目——从一开始就需要找到平衡的项目。

然而，这个过程中也有一些风险。考虑到位置、规模、历史、经济，地方当局的资金和人力资源比别人更少。因此，他们没有与拥有更多资源的私人部门进行平等谈判的能力。这就导致了不对称的情况。

2）城市理念团队

这个新角色不仅领导、动员多学科小组共同构思城市概念，也是整合社会各方面完成项目的必需。

如今，构建包括社会学家、专家工程师（建筑、能源、石油、基础设施）、建筑师、城市设计人员、规划师、艺术家等在内的团队很常见，也能丰富整个过程。

3）公民社会

与此同时，出于不同的原因，人在城市发展的过程中变得越来越重要。首先，他们可以通过日常的邻里实践带给项目独特的视角，他们知道专业知识的社会用途，可以从不同的角度谈及自己的需求。这里的挑战在于成立居民代表小组以尽量满足所有的需求。第二个原因是，有很多居民强烈希望以市民和业主的身份参与城市决策。最后，公民参与的民主成分也是一些地方当局作出政治选择的原因。

四、结语

法国的规划体系在近 50 年来经历了两次主要的变化：从国家层面到地方层面，再从地方层面到一个协商合作的进程。

然而，依旧存在一个问题：谁是不同参与者之间的平衡和公平的真正监管者？

这看起来应该是政府的角色。为了保持这一角色，政府既不能放弃太多私人部门的利益，也要保留一些能够进行谈判的资本。

日本与欧洲国家城市规划体系特征比较

片山健介 [1]

（1.长崎大学环境科学部，长崎 422011）

摘 要：世界城市与区域面对不断变化的外部环境，必然选择可持续发展的路径，建立经济发展、社会公平与环境利益协调的城市和区域战略以及规划需要综合的规划框架与政策支持。本文梳理了日本与欧洲典型国家的城市规划体系特征，包含基于现状的自治市垂直和水平两套调和体系，二是城乡统筹综合规划体系。同时，总结了日本未来城市规划体系改革需要注重高效低碳，提升核心城市辐射带动力。

关键词：规划体系，政府结构，区域规划，世界城市规划体系，日本

一、引言

世界城市和区域的外部环境不断变化，在全球化趋势下，城市和区域所面临的全球化竞争日益激烈，人类、货物、资本、信息自由地、跨边界地流动使得区域扁平化，贸易活动、创意阶层集聚于全球性城市区域。地区吸引力的创建对于提升当地竞争力至关重要，包括基础设施和生活环境的提升、土地利用规划对于自然环境的保护、社会设施及多样文化活动的理性安置。

体制健全、社会地理环境优越的城市区域和其他地方在经济社会方面的差异日益加剧。这些差异导致了严重的问题，比如在经济衰退和财政紧缩政策下恶化的就业条件和政治不稳定性。因人口减少和经济结构转变而每况愈下的发达国家的城市和区域必须考虑采取"紧缩"政策从而确保公共服务。发展中国家的城市和区域也存在着如棚户区和快速城市化等严重问题。经济发展也损害了环境。气候变化应该在全球范围内探讨解决，低碳社会和环境友好型社会日渐被关注。提高城市应对自然灾害的弹性十分重要。

"可持续发展"的概念意味着经济发展、社会公平和环境责任三者的平衡。增长策略不仅需要基于经济增长，更要促进社会福利和环境利益。由于以上提及的不同的经济、社会和环境问题与空间环境相关联，因此城市和区域战略及规划需要提出可持续发展的长期的空间框架（未来空间结构），并综合主要目标、相关政策和行动。

历史上的日本，许多政治家、官员、专家学者都曾研究过以欧洲为主的外国城市规划体系及其经验，并吸纳借鉴，从而设计和完善日本规划体系。如今，城市和区域面临着人口的急剧减少和老龄化问题。日本城市规划体系建立于增长的时期，但事实上，建成区面积超出了自治市行政区域和城市规划区域的面积。如今，我们需要通过设立适宜的城市和区域规划体系，使得将来的城乡区域变得不仅适宜人居，而且环境友好。外国的规划经验将有助于对城市规划体系变革的探讨。

此篇论文旨在比较研究日本和欧洲国家的城市规划体系的特征，并着重于两大体系：一是基于日本现状的自治市垂直和水平的两套调和体系，二是城乡统筹综合规划体系。

二、欧洲国家城市规划体系

1. 欧洲国家城市规划体系的多样性和共同趋势

每一个国家都有自身的城市规划体系，这些体系基于未来挑战和政治、历史、文化、地理条件。在欧洲共同体中，欧洲委员会的一般政策涉及的领域也被进一步拓宽，但是，原则上，委员会就土地利用规划而言并没有太大竞争力，而各成员国则拥有更大的权力。

我们通过城市规划体系的比较研究可以发现一些共同的特征。比如纽曼和索利恩将欧洲 17 个国家的城市规划体系划分为四大谱系：大不列颠谱系、拿破仑谱系、德意志谱系和斯堪的纳维亚的谱系（纽曼和索利恩，1996）。

15个欧盟成员国的四大空间规划策略　　　　　　　　表1

传统	成员国	特征
区域经济策略	法国 葡萄牙	追求广泛的社会和经济目标，尤其是国家不同区域的财产分布、就业状况和社会条件不平等
综合策略	荷兰 北欧国家 奥地利 德国	通过由全国到地方的系统化、正式化的层级规划实施，在不同层面寻求与公共领域活动的和谐，但与经济发展相比，更注重空间协调
土地利用管理	英国 爱尔兰 比利时	在战略和地方层面，与控制土地用途变化的具体工作更紧密相关
城市化	地中海联盟成员国	带有强烈的建筑设计、城市设计、城镇景观设计、建筑管控的色彩；通过严格的区划和法典进行管控；虽然存在许多法律和条款，但是体系尚未建立，也未强行规定政治优先权和获得广泛的大众支持

在欧洲委员会（CEC，1999）的对比研究中，15个成员国的空间规划体系被划分为四大类规划策略：区域经济策略、综合策略、土地利用管理和城市化（表1）。除此之外，欧盟空间规划观测网络（ESPON）后续的研究表明，空间规划模式会发生转变（ESPON，2006），故在一些国家，综合策略与区域经济策略同时发挥作用（图1）。

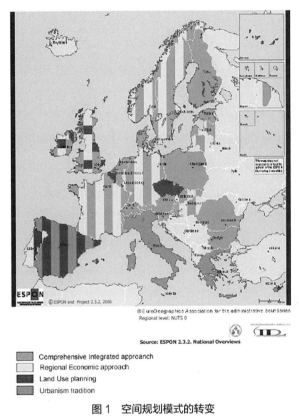

图1　空间规划模式的转变
（资料来源：ESPON，2006）

近期，赖默等人的比较研究显示了欧洲空间规划体系的主流趋势，如：与经济规划和部门政策相互协调的需求；通过在边界模糊的柔性空间内引入"弹性规划"来实现规划改革和规划程序简化在规划社区得到了越来越多的支持；空间规划体系更多地考虑环境；领土治理商议过程加强多角色参与和多层次规划，如更加战略的以发展为导向的空间规划措施等（赖默，2014）。

这一章节将探讨英国、德国和法国的案例。以上国家在表1中被划分为不同类型。

2. 案例1：英国（英格兰）

英国由四大构成国组成：英格兰、威尔士、苏格兰和北爱尔兰。这些构成国的规划体系有相似点（如发展规划和规划许可体系），也有不同点（如国家和区域规划）。此处将重点介绍英国规划体系。

1）政府结构和规划体系

英国存在单一治理区域和双重治理区域。双重治理区域由国家议会和地区议会管理。单一治理区域由大都会区域议会（在大都会区）或者单一政府机构（在非大都会区）管理。

英格兰除伦敦外由八大区域组成，但在国家和地方层面没有直接选举的区域政府机构。1990年代，在"地方主义"的影响下，每个区域都有三大区域政府机构：区域政府办公室（GORs）、区域议会（RA）和区域发展代理（RDAs）。但是以上机构在2011年由于政党更换而被废除。在伦敦，大伦敦市政府（GLA）于2000年通过公民投票建立，拥有直接选举的市长和议会。

英国城镇体系的核心结构是由未来空间框架（发展规划）和实施工具（开发控制）构成的。体系的特点在于规划许可措施。这意味着开发项目的实施需要地方规划局（如地方议会）的规划许可。这里的"开发"概念是广义的，它包括地面、地面之上、空中、地下的建设活动和用途的显著改变。发展规划是关键的裁决标准（之一）。地方规划局有广泛的自主裁量权，可以根据开发和规划的一致性决定是否颁发规划许可。

中央政府通过制定规划政策文件在地方层面从国家利益的角度进行开发控制。如果开发有悖国家政策，或开发实施过程在地方议会权责之外造成了较大的影响，那么规划部长有权撤回已颁发的规划许可。

图2所示为英国规划体系。现行规划体系的基本结构建立在1990年的《城乡规划法》和1991年的《规划补偿法》的基础上，并实行了双重规划，即郡议会层面的结构规划和地区议会层面的地方规划。在2004年，规划和强制性收购法修改了规划体系，废除了结构规划，引进了区域空间战略。2011年的地方法案再次修改了该体系。

（1）国家层面：《国家规划政策框架》

国家政府于2012年3月颁布了《国家规划政策框架》（NPPF），确立了英国政府的规划政策。在1990年代到2010年代，国家政府颁布了25个规划领域的《规划政策纲要》（PPGs）和《规划政策声明》（PPSs），共1000页。NPPF由于只有60页，随后替代了PPGs和PPSs。

NPPF构成了地方规划局和决策者在制定规划时的指导性文件，同时也是实施决策过程中的物质参考，但不涉及具体到场地的政策。为实现可持续发展，NPPF制定了13项核心规划政策：①建立强大的富有竞争力的经济体制；②保障市中心的繁

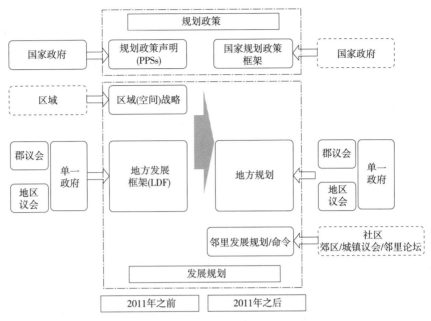

图2　英国城乡规划体系
（资料来源：MLIT 网站）

荣；③ 支持乡村经济的繁荣；④ 促进可持续的交通；⑤ 支持高质量通信基础设施；
⑥ 提供高品质住宅的多样选择；⑦ 确保优良设计；⑧ 促进健康社区；⑨ 保护绿带土
地；⑩ 满足气候变化、洪涝灾害、海岸更替的设计需求；⑪ 保护和巩固自然环境；
⑫ 保护和巩固历史环境；⑬ 促进矿产的可持续开采使用。NPPF 不仅包括物质规划，
如住房和基础设施，同时也涉及政策核心的经济发展和社会环境等方面的内容。

（2）地方层面：地方规划

地方规划（LP）是地方层面未来发展的规划，由地方规划局起草，有效期一般为
15 年。LPs 必须实现可持续发展的目标。根据 NPPF，LPs 的内容包括：发展机会，许
可或禁止内容的清晰政策，地区的战略特权；地区的住房工作需求，零售条款，娱乐
和其他的商业开发；交通、电信、垃圾处理、水源供给、污水处理等基础设施；食物
危机，海岸变化，矿产能源管理等；缓解和适应气候变化，保护、巩固包括景观在内
的自然历史环境。

LPs 需在提案图纸中通过关键图表和土地利用指示来表明战略发展的粗略位置。
LPs 也需要通过分配土地去促进开发和土地的灵活性使用，从而满足土地开发的新需
求，并提供恰当的开发在形式、规模、途径和定量指标方面的细节。每一个地方规划
局都需要保障地方规划在经济、社会和环境特征方面及地区前景方面全面且相关的最
新依据。

2）区域规划

在英国，由于存在许多跨边界行为，如交通组织、住房市场和环境保护，国家政府制定了区域规划纲要（RPGs），作为1980年代晚期地方规划的非法定强制性文件。另一方面，基于"区域"的欧洲区域政策致力于通过结构资金缓解区域的不平衡，并且每一个成员国必须在各自领域建立适当的政府机构和政策结构。除此之外，欧洲空间发展战略（ESDP）于1999年与欧洲委员会和成员国非正式性地达成了一致，提出了空间规划的概念，如多中心的平衡结构。该设想也影响了英国规划政策。

"ESDP的实施需要跨国家、地区和地方边界的合作。尤其对于RPG，ESDP强调城乡在空间政策的区域合作以提高竞争力。"

因此，在制定RPG的准备工作中，RPBs（区域规划团体）和其他利益相关者需要考虑影响区域的立法、政策、程序及资助制度……在通过RPG之前，区域空间战略需要充分考虑纲要说明反映的包括ESDP主要政策主旨在内的欧洲实情，并通过审核。（第21页）

2004年的规划与强制性收买法案修改了规划体系。区域空间战略（RSSs）以合法地位代替了RPGs。这意味着RSSs成为了法定发展规划的一部分和规划许可的准则之一。在制定地方发展文件、地方交通规划（LTPs）、与土地利用活动相关的区域及次区域的战略和程序的准备工作中，RSSs提出空间框架。区域规划团体（RPSs），如区域议会，必须与RDA筹备的区域经济战略（RES）相关联。RSSs需要提供15~20年内区域的大致发展战略，涉及下列事项：规模认证，新住宅的分配条款；环境特权，如乡村和生物多样性的保护；交通，基础设施，经济发展，农业，矿产采掘，垃圾处理。RPBs通过与GORs、RDAs和其他利益相关者的协调来筹备RSSs的草案。在专家大众评审（陪审团）之后，相关负责的部长最终修订并通过草案。由此，区域规划的角色在整个英国规划体系中被强化。

然而，2010年成立的新联合政府认为该区域规划体系过于官僚，故以2011年的地方法案废除了该体系，区域组织GORs、RDAs和RAs也被废除。作为替代，法案声明"有权利合作"，即条款规定在建立发展规划时，地方规划局必须同相邻地区规划局和相关机构就跨边界战略事项保持合作。除此之外，新政府引进了地方企业伙伴（LEPs）来代替RDAs。LEPs必须在地方经济发展和规划、住房、交通、基础设施、就业企业、低碳社会等问题的解决中发挥战略领导作用。LEPs是私人企业和公共部门领导的伙伴关系——超过半数的董事会成员必须出自企业部门。区域的确定必须基于经济功能区而非依靠地理的划分。地方规划局必须按义务与LEPs合作，并且LEPs为经济视角下进入地方规划局的一些公共投资项目提供战略特权支撑。

3. 案例 2：德国

1）政府结构和规划体系

德国是联邦国，拥有 16 个州（土地）。联邦立法的核心在于基于州立规划法来制定联邦空间规划法（Raumordnungsgesetz，ROG）、联邦建筑法典（Baugesetzbunch，BauGB）和各个州的土地利用规划体系。图 3 所示为土地利用规划体系的框架。德国规划体系的特征是详细的土地利用规划策略。

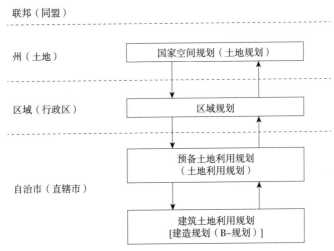

图3　德国土地利用规划体系

（资料来源：CEC，1999）

（1）州层面：州立空间规划

州立发展规划（Landesentwichlungsplan）或程序（Landesentwichlungsprogramm）包括全州范围内综合的空间规划目标，被用作协调所有在空间上影响土地的政策决策的文件。空间和部门目标基于三个相互关联的因素：中心区的体系（高—中—低顺序的中心），即公共和私人服务就业的人口供给的层级化模型；交通、通信、供给路线或居住网络的轴线；建成区和未开发开敞空间的有效范围。该规划提出了公共投资的大致政策和优先权，比如如何依靠中心秩序发展公共设施以及应该优先发展哪些基础设施网络。

（2）区域层面：区域规划

区域规划（Regional plan）是跨地方规划，综合了某一区域内的所有空间规划部门。它由州立规划法案下赋权的行政当局或代理机构筹备。区域规划的筹备工作必须考虑土地空间发展的目标和 ROG 的指导性原则。

区域规划包括一系列书写文件和图表展示：

书写文件：总体发展目标；统计分析和情景预测，空间结构和居住结构，土地利用，基础设施位置及线路等的空间目标，社会、经济、环境的部门目标和规划政策。

图表展示：高密度建成区、乡村区、结构脆弱区的分类，中心区的轴线和系统，未开发开敞区、现在和未来的重点区域聚居区的空间用途划定，基础设施位置及线路的布置。

（3）地方层面：F 规划和 B 规划

预备土地利用规划（Flächennutzungsplan，F 规划）必须大致涵盖自治市（Gemeinde）所有行政区域。F 规划对所有公共政府当局和代理机构有强制性，但对私人个体和公司并不具备强制性。F 规划期限一般为 10~15 年。在新的 B 规划的筹备中，F 规划也需要根据条件、需求而修订。相关信息需要在必备的内容中展示，比如开发区、开发水平、公共和私人社区、基础设施和设施服务、主要交通工具和通信设施、开敞空间、环境和景观保护的农业森林区。

建筑土地利用规划（Bebauungsplan，B 规划）为法定强制性建筑开发控制提供基础。该规划适用于未开垦的、已经开发的或者即将再开发的土地，这对规划后的城市开发利益至关重要。B 规划的筹备必须独立于 F 规划。B 规划的条款对所有公共政府当局和代理机构以及所有私人个体和公司都有法定强制性。B 规划的筹备仅针对进行建筑开发的小范围特定区域。

B 规划必须包括法定强制性条款，涵盖以下方面：

构成特定土地利用区域和开发规模的土地利用种类及内容；

未来建设用地范围；

地方交通用地范围。

包含了以上三项条款的 B 规划才被称为"合格的 B 规划"。在涉及建筑许可的 B 规划覆盖的范围内，合格的 B 规划用于开发控制。它是区域内建筑开发中建筑许可应用评估的法定基础。在不被 B 规划覆盖的建成区，如果开发与周围的环境特征在使用类型、规模、建筑类型、基地建设环境上相匹配，在合格的 B 规划范围之外的建成区内开发也是允许的。

2）各规划的相互关系

值得一提的是德国的一些重要原则。首先，低级别行政单位一方面必须考虑更高级别的规划，另一方面也必须能够参与到更高级别规划筹备中 [反现有原则（Gegenstromprinzip）]。比如地方政府当局紧密地参与到和以上原则一致的区域规划筹备中。其次，自治市在各自的行政范围内（具有功能活性的地方自治政府的保障）单独负责具体土地利用和开发决策。这些原则是在不同层面理解各个规划关系的基本概念。

4. 案例 3：法国

1）政府结构和规划体系

法国有四级政府结构：州（État）—区域（Région）—管区（Département）—自治市（Commu ne）。城市规划法典（Code de l'Urbanisme）和城市更新与一体化法案（Loi relative à la solidarité et au renouvellment urbains（loi SRU））是建立城市规划体系的根本法。图 4 所示为法国规划体系概要。法国规划体系被划分为"区域经济策略"（CEC，1997），但是区域发展体系和土地使用规划体系彼此紧密联系。法国的土地利用规划具有区划措施的特征。

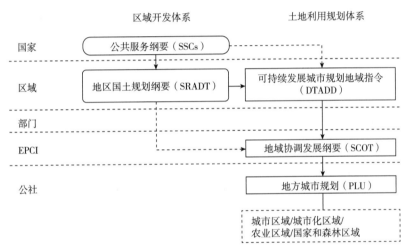

图 4　法国土地使用规划体系

（资料来源：CEC）

（1）城市区域层面：《地域协调发展纲要》

《地域协调发展纲要》（SCOT）为城市规划的开发和目标提供战略性政策。它涉及多个自治市，并由社区间组织（如 EPCI）筹备。SCOT 由解释性报告（如需求分析）、可持续开发项目（PADD）、总体政策文件构成。

值得一提的是，集聚范围 15km 并拥有 5 万以上居民的自治市在无 SCOT 时不能设立城市化区域。这被称为"无规划，不开发"原则。

（2）地方层面：《地方土地利用规划》

《地方土地利用规划》（PLU）明确了土地利用区划和土地利用规章、道路建筑连接条款、建筑基地的最小尺寸、建筑立面和极限高度等。PLU 由解释性报告（如需求分析）、可持续开发项目（PADD）、规范性文件、图纸文件、补充性文件构成。

国家政府颁布的城市规划国家条例（RNU）适用于不被 PLU 覆盖的区域。总体上，建筑开发只有在建成区才被许可。

2）区域规划

法国的行政结构和规划体系以跨自治市合作的关键角色为特征。法国人口6600万，包括36500个自治市。人口少的自治市掌管城市规划活动具有难度。因此，法国发展了不同的跨社区的行政体系。市际合作公共机构（EPCI）有自己的财政来源和税收权利，并被进一步划分为与人口规模和其他因素相适应的四级（市镇群体、聚居群体、都市群体、大都会）。EPCI在制定SCOT和经济发展领域有着权威性。

三、日本城市规划体系特征

图5所示为日本城市规划体系结构。日本城市规划体系的特征为总体规划—区划—开发许可的规划工具。总体规划和区划体系类似于法国的体系，且开发许可体系是参考了英国的规划许可体系。然而，在对欧洲国家和日本的城市规划体系的比较中，我们发现了一些不同点和日本体系的弊端。这里将通过比较研究探讨三点。

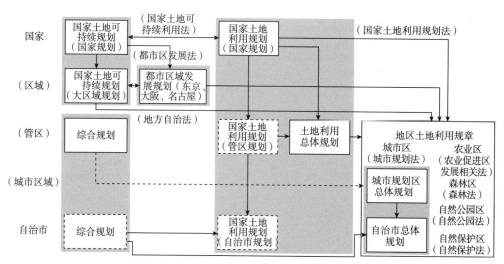

图5 日本城市规划体系制度框架

[资料来源：基于Seta图（2006）]

1. 土地利用规章

首先，日本土地利用规章相对较宽松。总体而言，日本城市规划体系调控或禁止本质上已许可的开发。相反，欧洲国家的城市规划体系为本质上禁止的开发提供许可。以上差异背景可能是由发展概念的不同导致的。在日本，开发权一般被认为属于私有土地所有者。在欧洲，开发权则被认为属于公众。在日本，城市规划区被划分为城市化促进区和城市化控制区，但是即使是在城市化控制区，仍可以部分免除来进行开发，如分散化住宅、停车和料场。

除此之外，总体规划的角色也不同。在德国和法国的案例中，基本实行"无规划，不开发"原则，并且总体规划提出了未来发展的空间战略和特权。然而，日本对于城市规划中总体规划的描述较模糊，也未显示出多少特权。因此，实施过程中总体规划基本不被参考。

2. 综合空间规划

在欧洲国家，总体规划（如地方规划、F 规划、SCOT）覆盖了所有行政范围，包括城乡地区。然而，日本缺少有效的涵盖城乡区域整体行政范围的综合空间规划。一般而言，城市规划体系仅适用于城市规划区。城市规划区被划定为大都会区外自治市行政范围内的部分区域。因此，城市规划体系无法控制城市规划区范围外的农业用地的开发。

日本领土分为五区：城市区、农业区、森林区、自然公园区和自然保护区。以上各区在国家土地利用规划法下又分属不同法律管控：《城市规划法》《农业发展区促进法》《森林法》《自然公园法》和《自然保护法》。城市规划区在此框架中等同于城市区。部分区域有重叠，比如某一城市规划区中的城市化控制区和农业区中的农业促进区。因此，管区筹备的基本土地利用总体规划必须与现有土地利用保持一致，但是垂直划分的行政体系导致收效欠佳。

3. 区域规划

欧洲国家有相关规划的垂直和水平的协调体系（如反现有原则），并且区域规划至关重要。在英国，区域空间战略作为发展规划被引进，在它废除后，又出现了替代它的合作义务。就经济发展而言，LEPs 组织是针对功能城市区域的，并且该政策也在实践中与城乡规划相关联。在法国，跨自治市组织必须为增长发展筹备SCOT。在欧洲国家，"柔性空间"战略规划（霍顿等，2010）与空间规划和经济发展相关联，并以兼具正式和非正式的模式发展运行着。该体系以其灵活性应对规划事项的变化。

日本却缺少有效的与相关自治市城市规划相协调的区域规划体系。城市规划区被定义为将被改善、开发和保护的单一区域，但事实上，城市规划区是依据自治市边界划定的。因此，对于城市规划区改善、开发、保护的政策和管区决定的规划政策的总体规划文件，二者作为一些自治市区域的区域规划也收效欠佳。在管区的更高层面，日本颁布了八个区域性集团的国家土地可持续规划的全区区域规划，但是这些仅仅是概念规划，缺少与土地利用规划的实际联系。

如何达成自治市间的水平协调？ 目前日本存在一些基于地方自治法案的跨自治市

合作类型，特别是研究人员在 2000 年左右讨论了作为区域规划体的"区域联盟"的可能性，该联盟有直接选举的市长和议会。但是区域联盟没有税收权，自治市也因为其有碍未来发展而不愿赋予区域联盟土地利用规划权。此外，国家政府在 2010 年代强烈提倡自治市的合并，希望新合并的自治市在其领域内作为单一政府来管理土地利用规章。富山城便是通过新合并自治市大范围区域内市长强有力的领导来施行紧缩城市政策（如商业开发和交通政策的联系）的优秀案例之一。

就"模糊边界"区域的区域合作而言，许多自治市实行了自立聚居区域框架政策。这项政策的目标是发展能提供就业、社会服务和生活品质并能阻止人口从地方向大都会区流动的核心城市区域。政策上的合作基于核心城市和相邻自治市间的合同，且核心城市区域属于建立的功能区（如通勤区）。合作活动的主要内容是地方产业、紧急医疗设施、产科服务、公共交通等。但是现实中鲜有应对土地利用规划的区域。

四、结语

日本城市跨越地方边界扩展到了郊区，新的住宅和商业开发也蔓延到了城市化促进区或者城市规划区范围外的郊区。在人口缩减的时代，我们必须朝着紧缩城市结构的方向改革城市规划体系，这对于实现可持续城市区域和低碳社会至关重要。因此，引进与相关自治市城市规划相协调的综合土地利用规划和区域规划体系有着重要的意义。此外，从经济的角度，核心城市必须引领城市区域获得竞争力。区域发展和空间规划的联系也相当重要。欧洲城市的经验给予了我们这方面丰富的建议。

参考文献

[1] Commission of the European Communities（CEC）.The EU compendium of spatial planning systems and policies[S]. 1997.

[2] Commission of the European Communities（CEC）.The EU compendium of spatial planning systems and policies –Germany[S]. 1999.

[3] The European Observatory Network for Territorial Development and Cohesion （ESPON）.Governance of territorial and urban policies from EU to local level（ESPON project 2.3.2）–Final Report[S]. 2006.

[4] HAUGHTON G，ALLMENDINGER P，COUNSELL D，et al. The New Spatial Planning：Territorial management with soft spaces and fuzzy boundaries[M]. Routledge，2010.

[5] Ministry of Land，Infrastructure，Transport and Tourism. An overview of spatial policy in Asian and European countries website. http：//www.mlit.go.jp/kokudokeikaku/

international/spw/index_e.html.

[6] REIMER M，GETIMIS P，BLOTEVOGEL H H.Spatial planning systems and practices in Europe–a comparative perspective on continuity and changes[M]. Routledge，2014.

[7] SETA F. Tasks and potentiality of national spatial plan（Kokudo–Keisei–Keikaku）from the view of national，regional and city planning system in Japan[J]. City Planning Review，2006，55（5）：27–30.

中国城市规划体系中的城市总体规划历史回顾

周显坤[1]

（1.清华大学建筑学院城市规划系，北京　100084）

摘　要：城市总体规划传统上是中国城市规划体系中的核心内容，但是近期规划体系的转型对总规提出了新的要求，本文回顾了历史上城市总体规划的转型以及一些近期的观点，以形成对未来新型城镇化阶段城市总体规划转型的共识基础。

关键词：城市总体规划，历史回顾，转型

一、城市总体规划的沿革和演变

1. 第一阶段"总规"制度的探索和建立期（1950年代初至1970年代末）

背景：中华人民共和国成立初期，城市规划和建设的指导思想是立足于工业建设，恢复城市生产，"在较短的时间内迅速建立起社会主义的工业体系"（王凯，1999）。计划经济主导国民生产。

事件：为了配合国家重点项目的建设，协调重点项目与城市空间发展的关系，借鉴苏联和东欧的经验，初步建立起"总规"制度，并在若干重点城市开展了第一轮规划编制。兰州、西安、太原、洛阳、包头、成都、大同、富拉尔基等城市率先编制城市总体规划。到1960年，全国设市城市199个，先后有150多个城市编制了城市总体规划。

主要特性：①此阶段的"总规"被看成是经济社会发展计划的延续，"是比较典型的计划经济体制下的产物"（任致远，2000）；②许多城市的总体规划编制时是为了配合第一个五年计划确定的以156个建设项目为中心的工业建设；③重点关注城市功能分区、工业项目选址、基础设施建设等内容；④规划编制完成后要"报中央审查"；⑤呈现出了很强的"蓝图式"编制理念，鉴于客观实际有诸多局限性，许多城市的"总规"仅以"方案"的形式存在。总体规划的内容相对来说比较简单，也比较具体可行。

重点内容：①考虑了大中型工业项目在城市中的选址布局以及配套设施；②考虑了城市功能分区；③考虑了城市对外交通联系和道路网以及电力电信、给水排水、城市公园、防洪防汛等基础设施建设；④考虑了简单的环境保护要求。

制度发展：中央政府相继颁布了《编制城市规划设计程序草案》《关于城市建设中几个问题的指示》《城市规划编制暂行办法》等政策性文件，规范了各地编制中的各类问题，逐步奠定了"总规"制度的基本框架（赵民，郝晋伟，2012），例如确定了城市规划的20年的期限。

历史意义：第一轮城市总体规划在中华人民共和国成立初期的大规模工业化建设和城市发展中发挥了极其重要的历史性作用，奠定了我国城市发展的初步框架和工业基础，如兰州、洛阳、太原、沈阳、包头、成都等城市，为以后的城市发展建设创造了非常好的条件（任致远，2000）。

2. 第二阶段"总规"制度的完善期（1970年代末至1990年代初）

背景：十一届三中全会的战略决策将党的工作重点转移到社会主义现代化建设上来，城市总体规划的编制面向经济社会的大发展。长期以来无偿使用城市土地的状况逐渐向土地有偿使用转变，提出了实行建设用地综合开发和征收城镇土地使用费等政策。

事件：1980年10月在北京召开了第一次全国城市规划工作会议，会议明确提出"市长的主要职责应该是规划、建设和管理好城市"，并提出"控制大城市规模，合理发展中等城市，积极发展小城市"的城市发展方针，要求所有城市都要编制城市总体规划。按照这个要求，到1986年为止，国务院审批完毕39个城市的城市总体规划。到1990年，467个全国设市城市全部完成了总体规划编制工作，1.2万个建制镇也编制了总体规划（任致远，2000）。

主要特性：①强调城市规划要了解和参与城市经济社会的发展计划，跳出完全受计划项目支配的被动局面，避免规划与计划的脱节；②强调区域经济社会发展对城市发展的影响，市域、县域城镇体系规划提上了议事日程；③为加强城市土地使用的规划管理，《城市规划条例》规定了城市规划区的概念；④强调城市基础设施对于城市经济社会和城市发展建设的重要性，要发挥城市规划对城市基础设施建设的指导作用。

重点内容：①城市性质、规模、发展方向和城市空间骨架，城市功能，合理分区和布局调整；②城市规划区的划定；③市域、县域城镇体系规划；④城市基础设施建设；⑤污染工业的控制、调整、搬迁和环境保护；⑥旧城改造和生活居住区建设。

制度发展：随着我国市场经济和法治社会的逐步建立，城市规划制度也开始在第二轮的编制实践过程中逐步走向规范化和法制化。至改革开放后的1990年，基本形成了以《城市规划法》为核心的规划法律体系。"总规"制度随之正式上升到国家法律层面。由于缺乏上位规划依据，在编制内容上又增加了基于城市及区域经济社会发展分析的"城镇体系规划"等内容；审批制度也变得更加明确，基本采取"分级审批"的办法，并规定了"总规"需要报中央政府审批的城市范围，审批的具体程序也进一步规范化。

历史意义：第二轮城市总体规划的关键作用在于指导了城镇体系的发展和基础设施建设，为城市现代化建设的大开发、大发展奠定了基本框架和发展规模。第二轮城市总体规划是参与经济计划，以拓展区域影响和大力拓展城市基础设施为主要特征的城市规划（任致远，2000）。

3. 第三阶段"总规"制度的成熟期（1990年代初至2005年）

背景：快速城镇化进程（城市化增长率）。不少城市在1990年代初基本达到或接近于2000年的规划目标，城市面貌发生了巨变。对城市在经济社会发展中的地位与作用的认识产生了转变，追求城市现代化，提出了可持续发展的城市发展建设原则等。土地和财税制度变革，各级政府发展意愿被激活。

事件：按照第二次和第三次全国城市规划工作会议精神，各地城市开始了第三轮城市总体规划编制工作。其中需经国务院审批城市总体规划的城市88个，到年底已经有50多个城市的跨世纪城市总体规划出台（其他设市城市的总体规划则由省、市人民政府审批）。还有18800个建制镇也相继编制了跨世纪的城市总体规划。

主要特性：①较为全面地研究城市长远发展战略，提出城市综合发展目标和综合发展策略；②较高的环境质量，大公园、大广场、大型公共设施中心涌现，提高了城市基础设施建设的标准；③对产业发展提出了更多规划要求；④逐步形成了总规与区域规划、控规、近期建设规划等规划体系中的分工关系；⑤提出总体规划的强制性内容，强调规划监督。

重点内容：①研究确定具体城市现代化发展目标；②把各类开发区、国有土地使用权的出让、转让和房地产业开发统一到城市规划中来；③重视城市历史文化的保护与发展；④研究探索现代化城市综合交通体系；⑤注意塑造良好的城市形象和城市个性特色。

制度发展：总规编制和审批制度得到了进一步巩固和强化，包括增加总体规划纲要等内容。城市规划技术体系进一步发展，主要包括城镇体系规划、战略/概念规划、总体规划、分区规划、控制性详细规划、修建性详细规划以及城市设计等。在城市总体规划的专项规划内容里，又增加了历史文化保护规划、各类开发区规划、近期建设规划、地下空间开发利用规划、城市综合交通体系规划、城市防灾规划、城市远景规划以及城市形象和城市特色规划、旅游规划等。

历史意义：这一轮总体规划，是全面、系统、比较高标准的城市规划，对于提高

21世纪初我国城市发展建设的完整功能、整体素质、综合效益、文化含量、环境质量和现代化水平发挥了重要的指导作用。

4. 第四阶段 "总规" 制度固化期（2006年至今）

背景：快速城镇化进程（城市化率突破50%）。城市发展用地紧张。城市发展动力多元化，"总规"面对的利益主体更趋多元化，呈现复杂博弈，提出新型城镇化理念和国家治理体系改革。

主要特性：①规划体系外部关系复杂：总规与经济社会发展规划、主体功能区规划、土地利用总体规划、生态规划等其他部门规划产生了更多的对接需求；②规划体系内部关系复杂：与省域城镇体系规划等区域规划的对接关系，逐步与控制性详细规划的法定羁束地位产生分工，与相关战略规划、概念规划等非法定规划关系模糊；③总规内容复杂：近期实施要求，强制性要求，更多的规划前置研究，更多的专项规划以及非法定内容如旅游规划、风貌规划；④审批、衔接、执行、监督、公众参与等规划实施中的要求变得突出。集权式审批，许多总规编制后审批时间长，长期得不到确认。

重点内容：前述的所有，形成了大而全的、蓝图式的规划。

制度发展：《城市规划编制办法》（2006）《城乡规划法》（2007）颁布，提出和强调了总体规划前期研究、监督、实施评估等过程。各地方新技术、新管理措施、新制度探索。规划技术体系分工进一步深化。

二、现阶段 "总规" 发展概述

1. 目前 "总规" 的法定地位与职能

在中国城市规划技术体系中，城市总体规划是传统上最为正式的 "法定规划"[1]。在《城乡规划法》中规定如下：

在规划体系中，城市总体规划起到承上启下的作用。总规是 "城镇体系规划—城市总体规划—控制性详细规划—修建性详细规划" 体系的中间层级（谭纵波，2004；赵民，2012）。包括：

（1）受全国城镇体系规划、省域城镇体系规划等指导（第十二条；《城市规划编制办法》第八条）。

（2）是土地利用总体规划、国民经济和社会发展规划的同位规划（第五条）。

---

[1]　法定规划，即 "经依法批准的城乡规划，是城乡建设和规划管理的依据，未经法定程序不得修改"（《城乡规划法》第七条）。

（3）是控制性详细规划、近期建设规划等规划的编制依据（第十九条，第三十四条）。

在城市建设中，城市总体规划是城乡建设和规划管理的依据。"总规"是城市政府在一定规划期限内，保护和管理城市空间资源的重要手段，引导城市空间发展的战略纲领和法定蓝图，调控和统筹城市各项建设的重要平台（李晓江等，2013）。包括：

（1）划定了城乡规划的作用范围——规划区（第二条）；

（2）"合理确定城市、镇的发展规模、步骤和建设标准"（第四条）；

（3）"城市、镇的发展布局，功能分区，用地布局，综合交通体系，禁止、限制和适宜建设的地域范围，各类专项规划等"（第十七条）；

（4）是对规划实施情况进行评估的依据（第四十六条）。

可以看出，《城乡规划法》中用总规的具体作用和执行的描述替代了对其地位与职能的描述，后者在法规中较少作正面的、全面的阐述。这也为不同的理解提供了余地。

2. 不同视角下总规存在的问题

近年来，已经有许多学者从不同角度提出总规存在的问题。包括：

历史沿革与历史使命视角（任致远，2000）：编审周期长，法规弹性大，个性不突出，实施随意性强。

对比西方规划的二元结构视角（谭纵波，2004）：规划期限与近期远景的时间范畴，区域与城市的空间范畴，涉及不同领域与不同主体的内容范畴。

实践、演进与对比的综合视角（赵民等，2012）：外部因素，经济社会发展及市场经济制度，行政体制，各级政府博弈；规划制度自身问题，规划体系层级关系不顺，编制理念和形式落后，规划审批机制与政府事权脱节。

问题导向与落实国家改革视角（李晓江等，2013）：

价值理念：①以经济建设为导向，对社会发展及人的发展缺乏关注；②计划经济的思路难以适应市场经济的发展；③以城市为核心，缺乏对农村建设的必要关注。

事权法理方面：①强制性内容难以落实和监督；②与相关政策法规衔接不足；③审批和监督内容、深度、标准、程序不明确。

规划体制方面：①城市总体规划的信息公开和公众参与普遍缺乏；②城市总体规划编审周期过长导致规划内容时效性不足；③城市总体规划纲要和成果阶段的审查要点不清；④城市总体规划动态评估和维护机制缺失；⑤城市总体规划实施监督机制仍不健全。

技术方法方面：①规划编制与规划实施脱节；②与公共政策衔接不足；③成果构成庞杂，工作范围和深度不明确。

三、规划体系视角：规划体系中"总规"的定位不清与职能模糊

本研究以规划体系为主要视角，关注"总规"在规划体系中的作用，认为"总规"当前面临问题的根本原因在于：我国规划体系中，"总规"定位不清、职能模糊。

发达国家的经验是"一级政府，一级事权，一级规划"，大区域政府或者中央政府拥有制定公共政策的责权，表述为战略性规划文件。本地政府拥有控制本地土地使用的责权，表述为羁束性规划文件。本地政府的规划部门与其他城市建设相关部门负责展开城市基础建设，表述为建设性规划文件。

国外各层面规划之间呈现出责权分工明确的状态，在战略性规划中体现了单一作用、单一政府、单一事权。我国总规呈现出一种模糊的职能和作用方式，包括：

多种作用：我国"总规"的作用方式事实上并不明确。"总规"的指导作用表现为为市政府下属各部门、下属区县、市场主体发出协调信号。然而，我国地方政府的权力不限于此，还可以进一步通过控制土地出让[1]、城市建设用地的扩展等干涉作用以及控制近期建设规划、"五通一平"基础设施的建设等操作作用，强有力地发挥指导作用，引领城市建设（当然，这一作用也将在向存量规划的转型中减弱）。

多级政府：我国"总规"在同一级规划中涉及多级政府机构管制的内容。一方面，涵盖从宏观到微观的大量内容，如社会经济发展规划、区域规划、城市规划及其实施计划等（谭纵波，2002）。"由于区域规划缺乏具体的执行手段，由中央或上级区域政府所管制的内容，同样要由总体规划落实；地方政府具有多方面作用，比如地方政府各部门需要负责城市公共服务设施与基础设施建设，地方规划部门具有的管理工具以及对大量越来越趋于市场化行为的商业开发活动的安排。"

多种事权："总规"的效用，主要是指导作用，这一作用在总规编制阶段完成时即已经实现。因为我国的地方公共政策并不表现为文本的形式，而是地方主要领导确认了的愿景，在这一愿景指导下，主要领导协调各部门采取的公开或不公开的行动，将比一些公开的公共政策更有效地作用于地方发展。这一模糊的作用方式事实上体现了我国城市行政权力的模糊，尤其是地方政府主要领导权的模糊[2]，同一级政府同时拥有着指导、干涉、操作等多种事权。

"总规"是一种制度，同时涉及技术层面与管理层面。现行的"总规"内容事实

---

[1] 一般认为城市规划提供的是一种用途管制，但是总规事实上还是一种产权划分的制度，划分了不调整产权区与调整产权区（城市建设用地），将国有的荒地，或者被征为国有的农地，重新分配给政府部门或获得使用权者。

[2] 城市总体规划内容多反映了市政府领导要关注的事情多。市政府领导不关注的事情，可以不放在总规中。

上是包含多目的、多主体、多对象、多手段、多过程的规划管理内容。由于总规的定位不清、职能模糊，导致了更多方面的问题。

参考文献

[1] 谭纵波. 从西方城市规划的二元结构看总体规划的职能 [C]//2004 城市规划年会论文集. 2004.

[2] 赵民，郝晋伟. 城市总体规划实践中的悖论及对策探讨 [J]. 城市规划学刊，2012（3）：1-9.

[3] 李晓江，张菁，董珂，等. 当前我国城市总体规划面临的问题与改革创新方向初探 [J]. 上海城市规划，2013（3）：1-5.

[4] 任致远. 论我国城市总体规划的历史使命——兼议 21 世纪初城市总体规划的改革 [J]. 规划师，2000（4）：84-88.

[5] 邹兵. 由"战略规划"到"近期建设规划"对总体规划变革趋势的判断 [J]. 城市规划学刊，2003（5）：6-12.

[6] 王巍，陈岩松. 一种项目规划方法的探讨——谈十五城市近期建设规划编制的改革 [J]. 城市规划，2001（2）：60-63.

[7] 杨保军. 直面现实的变革之途——探讨近期建设规划的理论与实践意义 [J]. 城市规划，2003（3）：5-9.

[8] 杨保军，陈鹏. 制度情境下的总体规划演变 [J]. 城市规划学刊，2012（1）：54-62.

[9] 王富海，陈宏军，邹兵，等. 近期建设规划：从"配菜"变成"正餐"——《深圳市城市总体规划检讨与对策》编制工作体会 [J]. 城市规划，2002（12）：44-48.

[10] 邹兵. 由"战略规划"到"近期建设规划"——对总体规划变革趋势的判断 [J]. 城市规划，2003（5）：6-12.

[11] 邹兵. 探索城市总体规划的实施机制——深圳市城市总体规划检讨与对策 [J]. 城市规划学刊，2003（2）：21-27，95.

[12] 孙翔. 广州近期建设规划工作思考 [J]. 规划师，2004（1）：73-76.

[13] 柳意云，闫小培. 转型时期城市总体规划的思考 [J]. 城市规划，2004（11）：35-41.

[14] 文超祥，马武定. 论城市总体规划实施的激励与约束机制 [J]. 城市规划，2013（8）：122-125.

对转型时期中国城市规划体系的思考

王 卉[1, 2]

（1.清华大学建筑学院，北京 100084；

2.北方工业大学建筑与艺术学院，北京 100144）

摘 要：我国的城市规划体系形成于改革开放初期，虽然伴随市场经济的发展在职能定位和价值取向上进行了适应性调整，但在体系的基层设计上依然保留明显的计划经济时期的痕迹。本文主要在我国经济政治制度转型的背景下探讨城市规划体系在现实中存在的各种问题，并认为城市规划运行过程中权力的行使和分配缺少法定化的规则是问题的核心，而重新认识城市规划权力的赋予、承载和作用方式是解决问题的必要途径。

关键词：城市规划体系，市场经济，经济政治制度，转型，权力

一、我国城市规划体系概述

1.我国城市规划体系的发展过程

我国的城市规划制度诞生于计划经济时期，源于对苏联计划经济体制下城市规划思想和方法的学习。从中华人民共和国成立初期至 1980 年代，城市规划主要的作用是作为落实各项国民经济计划的技术工具。它通过技术规范或指标对城市土地配置进行计划性安排，并表达未来城市建设的意图和"理想"状态。1970 年代末，我国开始实行改革开放政策，探索市场化的运作方式。随着城市建设的大规模开展，城市规划体系也逐步建立，包括开展系统化的城市规划编制工作、进行城市规划的相关立法等。1990 年《城市规划法》的颁布实施标志着现行城市规划体系的确立，之后城市规划逐渐成为城市各项建设的部署和安排、城市发展的总体蓝图和城市建设管理的依据。2000 年以后，随着市场经济的不断发展，城市土地开发和建设中的各种利益主体和权益纷争逐渐形成，城市规划的价值取向也发生了很大的转变。2007 年《城乡规划法》确立了城市规划作为公共政策的属性，城市规划的定位不再是单纯描绘未来图景的技术手段，而变成了政府对市场经济活动实施干预，弥补和减少市场缺陷，协调各方利益矛盾，维护公共利益的行政工具。

2. 我国城市规划体系的现状

我国现行的城市规划体系分为立法体系、技术体系和管理体系三个组成部分。其中立法体系由城市规划法律法规和相关技术规范组成，是构建城市规划体系的基础，并赋予技术体系和管理体系以合法性。城市规划技术体系是城市土地开发和建设管理的具体手段，包括规划主体及其作用的对象、规划内容、所采用的技术形式等。城市规划管理体系是规划技术得以运转和实施的组织保障，并将规划内容作用于实际的城市建设活动中。三者相互关联，密不可分。

首先，《城乡规划法》是我国规划立法体系中的主干法，城市规划编制、审批、管理的内容和程序均由《城乡规划法》所确立。以《城乡规划法》为核心，立法体系还包含一系列与城市规划相关的法规、规章和技术规范等。这些立法内容可以从纵向和横向两个层面进行划分。其中纵向立法体系包括：由作为国家立法机构的全国人大常委会制定颁布的法律——《城乡规划法》，国务院制定颁布的行政法规如《村庄和集镇规划建设管理条例》，中央政府行政主管部门制定的规章如《城市规划编制办法》和技术性规范如《城市用地分类与规划建设用地标准》。横向立法体系包括：作为主干法的《城乡规划法》，配合阐明《城乡规划法》相关实施细则的配套法（包括上述各种法规、规章和技术规范）和城市规划领域之外的城市规划的相关法，如《中华人民共和国土地管理法》《中华人民共和国文物保护法》等。此外，与全国性立法体系相对应，有地方立法权的地方政府也相应地制定了地方性的法规、规章和技术规范，这些共同组成了我国的城市规划立法体系。

在技术体系中，根据《城乡规划法》，目前我国城市规划编制的技术内容主要包括总体规划和控制性详细规划两个阶段。其中总体规划是对城市建设发展提出的宏观性、战略性的部署，主要包括城市的性质、规模、发展目标、城市建设用地的总体布局及各类基础设施和道路交通的主体结构等。控制性详细规划则以总体规划为依据，对建设用地的各项控制指标提出更详细的规定和要求。由于《城乡规划法》规定以控制性详细规划作为出让城市土地使用权的依据，因此控制性详细规划也成了控制和引导日常土地开发的重要工具。

在城市规划管理上，《城乡规划法》明确了各层次城市规划编制和审批的主体及程序，由各级政府和城市规划主管部门分级编制，并由上级政府审批。城市规划的实施管理在计划经济时期采取行政划拨土地的方法，1990 年以后实行"两证一书"（即项目选址意见书、用地规划许可证、规划工程许可证）的规划许可制度。

二、经济政治制度背景的变化

从 1990 年代开始，我国逐步形成了相对完整的城市规划体系，并随着市场经济的发展，增加了适应市场经济环境的内容。但由于我国的城市规划体系诞生于市场经济初期，在体系的基层设计上仍保留了计划经济时期的痕迹。2000 年以后城市规划体系面临的现实问题逐步彰显，这与其未能适应市场经济体制所引起的经济、政治制度环境的变化密切相关。

1. 经济制度背景的变化

从中华人民共和国成立至今，我国在经济制度方面的改变是一个逐步市场化的过程（张京祥等，2013）。我国从 1950 年代开始建立计划经济体制，同时，在城市土地制度上建立了与其相对应的社会主义公有制。计划经济又称指令型经济，是指各种国民经济产品的生产、分配和消费均由中央政府通过事先计划来决定，而城市土地属于国家所有的规定也使自上而下地分配土地资源成为可能。1970 年代末，指令型经济的范围逐渐缩小，国家给予了各项社会事务部分市场调节的空间。1982 年中共十二大提出了以计划经济为主、市场调节为辅的两种经济体制并存的模式。1992 年十四届三中全会标志着我国正式建立社会主义市场经济体制。之后，我国政府在财税、金融、企业等方面进行了一系列重大改革，其中城市土地使用制度的改革更是直接对城市规划的编制和管理产生重大影响。2013 年十八届三中全会提出以市场在资源配置中起决定性作用，进一步深化经济体制改革，完善现代、开放的经济体系。

2. 政治制度背景的变化

我国传统上是一个中央集权制的国家，中华人民共和国成立后也建立起了以高度集权为特征的行政体制，它将权力高度集中于中央政府，并建立了从中央到地方各级的垂直型的组织与命令体系。改革开放以后，从国民经济发展的需求出发，我国经历了一系列权力下放和重新调整的过程。

改革开放初期，我国的分权主要在三个层面展开：一是行政性的分权，即权力从中央政府向地方政府转移，其中最突出的表现是中央政府给予地方政府财政权以及其他经济管理权限。二是经济性的分权，即政府对市场、企业的放权。政府通过诸多决策赋予企业自主经营所需要的各种权力，以激发企业活力。第三是国家向社会的分权，表现为国家权力逐步退出社会的私人领域，给予社会一定的自主空间。

1990 年代，由于分权带来的负面影响，如地方政府为本地经济的发展，在财政、信贷、项目审批等方面常违反国家政策，采取干扰市场经济正常秩序的做法等，我国又进行了一系列集权化改革，改变了中央与地方政府的关系，其中 1994 年的分税制改革是导致目前地方政府追求土地财政的直接原因之一。

3. 对城市规划的影响

由于我国的城市规划是在中央集权模式及相应的计划经济体制下建立的，因此，经济政治制度背景的变化给城市规划的运行环境带来了很大的影响。

1）城市建设主体从单一走向多元

在计划经济时期，由于政府掌握所有的经济资源（包括土地资源），城市的开发建设需要依靠国家投资及计划安排，政府也成了城市建设惟一的主体。但在市场经济环境下，城市土地开发以市场运作的方式为主，政府逐渐退出了具体的开发项目而由各种类型的私人开发实体来完成。由于市场经济使得国民经济成分多元化，多种经济成分和经营形式的企业都进入了市场，因此城市开发实体的类型也逐渐丰富。这使城市规划的运作变成了一个开放性的体系，多方参与取代了传统的以政府控制为中心的封闭体系。

2）城市土地经济价值的体现

计划经济时期，我国城市土地一直以无偿划拨的方式由国家划拨给用地单位。1980年代初，深圳、上海等城市首先进行了土地有偿使用的尝试，1988年，我国《宪法》增加了"土地使用权可以依照法律的规定转让"的条款，正式确立了土地有偿使用制度。目前，除国家机关用地、军事用地、城市基础设施用地等仍为划拨外，城市的大量土地都采用招标、挂牌、拍卖的方式出让土地使用权。城市土地使用权的有偿出让使土地作为一种商品进入市场，使市场成为城市建设和土地开发的基本推动力，城市土地的经济价值也在社会经济发展中得以体现。这一方面促进了城市土地资源的高效配置，另一方面，城市土地开发也明显受到经济利益的驱动，产生了新的社会问题和城市问题。

3）多方利益主体的形成

计划经济时期，我国一直否认人民内部之间存在利益上的差别，否认社会存在各种各样的利益实体，由于经济和意识形态的高度一体化，社会内部多种利益隐藏在所谓"共同利益"下，利益分化也并没有出现。因此，早期我国城市规划的职能虽然经历了从国民经济计划的具体化到城市发展建设的综合部署，但城市规划的运作均是围绕政府展开的，城市规划并未对私人利益及与私人利益相对应的公共利益有过多的涉及。改革开放使多元化的利益主体得以出现，他们对社会事务的各个方面有着自身的利益诉求，并在尽量获取自身利益最大化的同时不可避免地发生了矛盾和冲突。这些利益实体包括私人土地开发者、地方政府和社会公众，城市发展也被各种复杂的利益关系所推动（吴可人等，2005）。首先，私人土地开发者（开发商或企业）是城市建设中最活跃的主体，他们注重市场需求和在土地开发中获得的投资回报，在建设项目选址、土地开发内容和强度等方面有强烈的利益诉求。其次，我国行政体制上的财政分权改变了中央政府与地方政府的关系，地方政府成为相对独立的经济利益实体，目前普遍以追求城市经济发展为目标，在出让土地使用权、投资土地开发的过程中寻找经济增长点。地方政府对经济利益的追求来源于土地价值的体现及与中央政府的分权关系（特别是分税制造成了地方政府事权和财权的不匹配），我国现行的土地所有制度也创造了充分的条件。最后，改革开放后，伴随国家权力选择性地退出社会领域和私人领域，具有相对自主性的公民社会开始萌发。随着公众素质的提高和民主意识的增强，公民逐渐注重对自身权益的维护，同时通过各种途径参与或影响政府公共政策的制定与执行的愿望也逐渐增强。

三、现实中城市规划存在的问题

1. 城市规划的职能和权威性问题

1）城市规划在引导城市发展中存在的问题

改革开放初期，城市规划一直被视为城市发展建设的龙头，是关于城市未来土地开发的总体计划和蓝图。随着市场经济的发展，对经济利益的追求影响了城市建设和土地开发，各方利益群体的纷争也干扰了城市规划的运作。一方面，城市规划的实施效果与期望中的目标往往相差甚远，城市建设出现一定程度的失控。编制的规划得不到贯彻，修改城市规划的现象时有发生，城市规划的严肃性和权威性也因此受到很大的冲击。另一方面，城市规划自身的内容、程序和方法在很多方面已出现不适应新的社会经济运行环境的问题。城市规划不能有效及时地发挥作用，并常常滞后于城市建设的发展变化。

2）城市规划在协调和整合其他空间规划上存在的问题

目前，在城市土地空间上，除城市规划外，还存在其他类型的对城市空间产生影响的规划，包括各种综合规划（主要是经济社会发展计划、土地利用规划）和行业专项规划（如交通规划、产业规划）。这些规划均由与城乡规划主管部门相平行的其他部门编制，因此，在权限分割的前提下，这些规划之间缺少协调，内容交叉重叠、互相矛盾的现象时有发生。其中以城市规划与发改委主导的经济社会发展计划和国土部门编制的土地利用规划之间存在的问题最为明显，包括规划的范围和目标、规划内容、规划编制的技术标准和统计口径、规划的时间期限都不一致。而城市规划作为最直接影响城市建设和土地开发的规划，在其中尚未起到协调和整合的作用。

2. 城市规划体系存在的问题

1）城市规划技术体系存在的问题

我国目前的城市规划技术体系主要由总体规划和控制性详细规划两个层次组成，各层次规划职能不清晰、作用不明确是大多数城市规划编制中存在的问题。其主要表现为城市总体规划战略性不足，未起到统领全局的作用；而控制性详细规划对城市日常土地开发的约束力不够，核心地位未得到充分体现。

我国的城市总体规划从计划经济时期开始就一直在城市规划体系中扮演着核心角色，它曾经被认为是指导、控制城市发展和建设的蓝图，是关于城市空间最为系统、全面的安排。目前，理论上认为总体规划是政府重要的公共政策，是一项全局性、综合性、战略性的工作，涉及政治、经济、文化和社会生活各个领域（李晓江等，2013）。但在实践中，城市总体规划整体上出现了战略性不足的问题。主要表现为：①总体规划的编制、审批过程漫长，通常需要几年之久，丧失了时效性和超前性。②总体规划的内容涉及的领域过于宽泛，但战略性（包括城市未来展望、总体功能定位等）职能欠缺。③在编制技术上，总体规划的编制长期以来一直作为一项技术工作，而未被视为一个城市公共政策的制定过程（李晓江等，2013），编制方法和内容依然延续了之前计划经济时期静态的、蓝图式的规划方式。④由于总体规划涵盖的内容很多，部分内容超出了城市规划部门的事权范围而涉及其他部门，但在整合众多其他部门的专项规划上未起到统筹的作用。

我国的控制性详细规划是伴随土地出让制度产生的，是我国城市规划实施管理的核心。虽然《城乡规划法》赋予了控制性详细规划以法律地位，但其作为管控城市土地开发的重要工具在现实中并未得到真正体现。①控制性详细规划的控制指标被调整、规定的内容被突破是屡见不鲜的事实。近几年为了便于修改控制性详细规划，规避《城乡规划法》中控规修改的流程，地方政府还采用了一种编制规划但不向上级政府报批的方式。②在编制技术上，控制性详细规划脱胎于传统的项目型规划，虽然不侧重于描述具体的空间形态而改用指标控制的方式，但它的关注点依然主要集中在物质空间层面，如技术合理、空间美观等问题，对于控制性详细规划是市场经济下利益协调和分配的重要工具这一点尚未在规划编制中得到体现（赵民等，2009）。③目前，控制性详细规划在编制上仍存在明显的技术性缺陷，包括如何平衡规划的法定性与灵活性、刚性和弹性之间的关系。④最重要的是，目前控制性详细规划在市场经济下的核心价值观仍然非常模糊，对究竟应该控制什么、不应该控制什么的边界还不清晰。

2）城市规划管理体系的问题

城市规划管理体系存在的问题主要体现在以下几个方面：①城市规划管理缺少

稳定的法定依据。城市规划是对未来城市建设的控制和引导，它的内容需要相应的稳定性以用于城市管理。但由于城市总体规划和控制性详细规划编制存在各种问题，目前的城市规划管理缺少稳定的依据。没有经过审批的城市规划本身不具备合法性，而经常被突破、被修改的规划作为审批依据时又会给规划管理部门带来大量不清晰的自由裁量权。②目前的城市规划管理中存在大量的违法现象。虽然《城乡规划法》对城市规划的编制、审批、实施程序进行了明确规定，但在实际的规划管理中常有违法现象出现。如一些地方城市编制控制性详细规划但不向上级主管部门报批、不向公众公示；城市规划主管部门采用比《城乡规划法》更"灵活"的方式进行控规修改，并经常由部门内部决策。③规划决策过程中缺少真正的各方利益群体表达诉求的机会和平台。我国传统的决策方式一直是政府单方面决策，1990年代以后，城市规划逐步引入公众参与制度，试图解决市场经济下利益群体的多元化和政府独家决策的矛盾（郝娟，2007）。但现实的规划决策中仍缺少实质性的各方利益群体表达诉求的机会和平台，公众参与只停留在形式化的运用上，并为日后的规划实施留下了利益冲突的隐患。

3）城市规划立法体系存在的问题

首先，城市规划立法方面出现的问题与我国整体的立法环境有关。我国从改革开放初期开始进行立法工作，虽然至1990年代法律体系逐渐形成，但离真正的法治国家还相差甚远，法律体系不健全、大量社会事务缺少法律依据、有法不依是普遍存在的问题。其次，在城市规划立法体系中，作为主干法的《城乡规划法》有自身明显的缺陷，其依然停留在程序化立法的层面，缺少实质性内容。如《城乡规划法》强制任何单位和个人都必须遵守服从城市规划的义务性要求，但在《宪法》保护私有产权的规定下，为保障公共利益而行使城市规划权力与为保护私有产权的法律边界并没有明确界定。《城乡规划法》对各级政府部门需要编制的规划类型和编制、审批程序进行了原则性规定，但并未说明编制各类型规划的目的、职能和管控范围，也缺少具体的技术性内容。《城乡规划法》提出了公众参与制度，却缺乏明确且可操作的规定。最后，与《城乡规划法》相配合的规划立法体系尚不完整，主要表现为：①与城市规划相关的立法体系尚未建立，城市规划立法与其他影响和作用于城市建设和土地开发的立法的关系并未明确，之间存在如何协调和配合的问题。②在城市规划自身的立法体系上，由于《城乡规划法》只进行了原则性规定，需要配套法律文件对其内容进行进一步说明。但与《城乡规划法》配套，用以细化和解释主干法相关法律条文的法规还不够完善。③我国实行全国统一的城市规划立法和规划技术规范，但目前有地方立法权的城市也逐渐建立了符合地方特色的城市规划体系或技术规范。因此，在立法体系中，对于需要进行全国统一的规定和可以根据各自情况进行地方性规定的内容和界线还缺少相应的探讨。

四、问题的核心

现代城市规划的核心主要包含两个方面的内容：一是政府对城市基础设施和公共设施的建设；二是在市场经济环境下，政府运用公权力对私人土地开发活动进行限制。因此，从某种意义上说，城市规划体系的建立就是通过制度设计实现权力与责任的对应与匹配。这些权力分配既存在于政府和社会之间、中央政府和地方政府之间，也存在于城市规划部门和其他平行机构之间。而在整个城市规划体系的运转过程中，权力产生、行使和分配路径的不明确，缺少法定化的规则是问题的核心。

首先，在政府和社会之间，西方近现代城市规划的产生是政府对私权进行公权约束的结果，而城市规划本身则作为政府行使公权力的主要工具，其中公共利益是公权干预私权的合法界线。我国改革开放后进行的一系列市场化改革改变了私权存在的社会基础，城市土地有偿使用制度也使公权和私权的二元分立得以形成。因此，我国目前的城市规划应明显地具有代表公共利益的属性，但《城乡规划法》并没有界定公共利益的范畴，这使得公权约束私权的边界并不清晰。特别是随着市场经济的发展，地方政府拥有明显的促进地方经济增长、谋求自身利益最大化的追求，因此，利用自身对土地资源的垄断，忽视社会的公共利益，与土地开发者形成某种共识是城市规划失效的重要原因，从某种意义上说，这也是滥用公权力的一种表现。

在中央政府和地方政府之间，根据《城乡规划法》，我国城市规划的主要内容属于上级政府的审批对象。因此，在行政管理体制内，城市规划仍然属于自上而下的管理模式。地方政府的发展冲动与中央政府试图对全局进行把控的努力反映在城市规划的编制、审批与实施的全过程中，但目前的责权关系还未得到充分的评估。因此，在上下级政府之间如何划分城市规划事权及相应的技术内容值得进一步评估和审视。

在城市规划部门与其他政府部门之间，城市规划与经济社会发展计划、土地利用规划及其他行业部门制定的行业规划之间存在矛盾与不协调的主要原因是这些规划分属于不同的职能部门，正是部门权力的利益化使得各类规划之间的水平协调难以展开。

总之，我国的城市规划体系诞生于计划经济时期，虽然不断增加适应市场经济的内容，但仍存在诸多问题。市场经济环境下，城市规划是政府行使公权力的工具，目前我国城市规划运行过程中权力的行使和分配缺少法定化的规则是问题的核心，而重新认识权力的赋予、传递及作用方式是解决目前城市规划体系存在问题的必要途径。

参考文献

[1] 张京祥，罗震东 . 中国当代城乡规划思潮 [M]. 南京：东南大学出版社，2013.

[2] 吴可人，华晨 . 城市规划中四类利益主体剖析 [J]. 城市规划，2005（11）：80-85.

[3] 李晓江，张菁，董珂，等 . 当前我国城市总体规划面临的问题与改革创新方向探析 [J]. 上海城市规划，2013（3）：1-5.

[4] 赵民，乐芸 . 论《城乡规划法》"控权"下的控制性详细规划——从"技术参考文件"到"法定羁束依据"的嬗变 [J]. 城市规划，2009（9）：24-30.

[5] 孙施文，殷悦 . 基于《城乡规划法》的公众参与制度 [J]. 规划师，2008（5）：11-14.

[6] 郝娟 . 解析我国推进公众参与城市规划的障碍及成因 [J]. 城市发展研究，2007（5）：9-12.

中国规划许可制度的发展情况和改革建议

余 斐[1]

（1.清华大学建筑学院，北京 100084）

摘 要：本文讨论了在中国经济体制改革和行政体制改革背景下，城市规划许可制度发生和发展的社会背景和基本框架，总结了现行规划许可制度面临的困境和存在的问题，最后对规划许可制度建设中的法律保障、机制建设和权力划分等方面提出了改进建议。

关键词：城市规划许可制度，问题，改革

从城市规划的公共利益属性和城市规划主管部门的行政属性来看，城市规划许可无疑是行政许可的一种，受到《中华人民共和国行政许可法》（2004 年）的制约和规范。根据法律定义，行政许可是指："行政机关根据公民、法人或者其他组织的申请，经依法审查，准予其从事特定活动的行为。"（第二条）"设定和实施行政许可，应当依照法定的权限、范围、条件和程序。"（第四条）可以设定行政许可的事项（第十二条）与城市规划有关的，主要涉及直接关系国家安全、经济安全、公共利益、人身健康、生命财产安全的事项和有限自然资源、有限公共资源配置的事项。可以设定城市规划行政许可的规范性文件（第十四、第十五条）包括法律、行政法规、地方性法规和政府规章。本文将从城市规划许可制度产生和发展的历史，其制度建设的现状情况入手，对城市规划许可制度进行分析和总结。

一、城市规划许可制度的发展历史

1. 计划经济体制下的城市规划管理制度（1949—1977 年）

中华人民共和国成立初期，建立了计划经济体制，实行公有制，资源配置以计划经济为主导，对社会经济的管理采用直接控制下达计划的方法。这一时期的城市规划从属于计划经济，"是经济计划的解释，补充或延伸，或者说是经济计划的空间图解"，没有全国统一的规范性文件对城市规划管理作出规定，也没有建立起真正意义上的规划许可制度。此阶段，在计划经济理念上的城市规划是完全由政府组织实施的蓝图式城市规划，城市的发展是可以预测的，城市规划的结果是可控的。因而，这一时期的

城市规划制度着重于行业内部的管理，崇尚科学理性的技术规划，追求最优的城市空间解决方案。1960年11月至"文化大革命"结束，由于全国计划工作会议宣布"三年不搞城市规划"，这一时期城市规划的管理处于空白状态。

2. 市场经济转型时期的城市规划许可制度（1978—2000年）

"文化大革命"结束后，我国开始了由计划经济体制向市场经济体制转型的制度建设时期。邓小平同志在1979年的谈话中首次提出了"社会主义也可以搞市场经济"，并在1992年的南方谈话时进一步指出："计划多一点还是市场多一点，不是社会主义与资本主义的本质区别。"在此基础上，1992年党的十四大明确提出了我国经济体制改革的目标是建立社会主义市场经济体制，并在1993年的八届人大一次会议上将"国家实行社会主义市场经济"写入了《宪法》。到2000年年底，我国已经初步确定了社会主义市场经济的基本体制。

1978年，百废待兴的城市建设急需恢复城市规划工作，建立起适应城市建设发展和经济体制改革目标的城市规划管理制度。同年4月22日，国家计委、国家建委和财政部联合颁布了《关于基本建设程序的若干规定》，要求"凡在城市辖区内选点的，要取得城市规划部门的同意，并且要有协议文件"，城市规划许可制度的雏形在此时显现。

1980年10月，国家建委在全国城市规划会议上提出"尽快建立我国的城市规划法制"，城市规划的法制建设被纳入议事日程，同时展开了城市规划管理制度的探索。1984年1月5日，《城市规划条例》得以颁布实施，明确了在城市规划区内进行建设，必须服务于城市规划和规划管理，规划实施的管理应当实行规划许可制度，城市规划的权力受到重视。条例第三十一条规定，城市土地使用的规划管理，应当提出建设用地的申请，经城市规划主管部门审查批准后，核发《建设用地许可证》；第四十二条至第四十四条规定，城市各项建设的规划管理，应当提出建设申请，经城市规划主管部门确定设计要求并审查设计文件和图纸后，核发《建设许可证》。这是国家第一次以行政法规的形式，对建设用地许可和建设工程许可作出统一规定，是规划实施的管理工作开始"纳入法制轨道的重要标志"。

经过十年的改革开放，随着国家政治体制改革带来的地方和中央利益的分化，地方政府成为推动经济发展的主导力量。如何将政府规划转化为可以增强地方财力的政府行为？城市规划管理开始探索市场经济的运行规律和规划权力的运作体系。1990年，国务院颁布实施了《中华人民共和国城市规划法》(以下简称《城市规划法》)，系统构建了"两证一书"的城市规划许可制度框架，明确了城市规划管理的实施程序。《城市规划法》主要是对规划控制进行了程序性的规定，是城市规划主管部门根据法律授权依据规划法条文规定，对规划区内的规划建设实施许可管理。由于它缺乏法定的规划实体依据，导致规划主管部门对具体的开发建设行为及相应的规划建设管理无据可依，行政许可过程中存在较大的自由裁量权，城市规划管理的法治化水平低下。

《城市规划法》出台后不久，我国明确提出了由计划经济向社会主义市场经济转变的体制改革方向，城市建设的投资主体逐渐多元化和市场化，不再是政府统筹，城市建设的需求急剧扩张，城市建设的规模越来越大，由此产生的利益权衡问题也越来越复杂，城市规划管理法制化建设的诉求也日益强烈。1999 年，《中华人民共和国宪法修正案》正式明确："实行依法治国，建设社会主义法治国家。"因此，城市规划立法理念的更新、城市规划管理的法治化建设都势在必行。

3. 行政体制改革下的城市规划许可制度（2001 年至今）

随着依法治国理念的逐步深入，行政体制改革作为政治体制改革的重要内容，受到了国家的高度重视。2001 年 9 月，国务院成立了行政审批改革工作领导小组，改革工作全面启动。经不完全统计，截至 2004 年 6 月，取消行政审批项目 1604 项，改变行政审批的管理方式 121 项，下放 47 项。同年 7 月 1 日，《行政许可法》正式颁布实施，行政审批的改革稳步推进，至 2013 年年底的 10 年间，又取消和调整行政审批项目 919 项。

在此期间，规划立法的经济体制和政治体制背景都发生了翻天覆地的变化，对《城市规划法》进行修订成为法制建设的必然选择。2008 年 1 月，新的《中华人民共和国城乡规划法》颁布实施，规划管理模式提升到城乡统筹的高度，规划许可制度的框架也由"一书两证"演变为"一书三证"，针对乡、村庄规划区内的建设活动增加了《乡村规划许可证》的规划许可。《城乡规划法》被认为"在提升城市规划建设管理的法治程序方面迈出了一大步"，主要在于它明确规定"经依法批准的城乡规划，是城乡建设和规划管理的依据"，从而确定了成文规划与依法行政的羁束关系。就具体的规划管理行政行为而言，经依法批准的控制性详细规划是核发划拨项目建设用地许可证、核定及变更规划条件、核发建设工程许可证的核心依据。

二、当前我国城市规划许可制度面临的困境和问题

1. 规划许可制度中的行政许可与非行政许可

规划实施中的行政许可项目一般是由城市人民政府来予以确认的，其确认的法律依据是《行政许可法》和《城乡规划法》。昆明市规划局目前的行政审批事项有 5 项，其中行政许可审批事项 3 项，包括《建设项目选址意见书》核发、《建设用地规划许可证》核发和《建设工程规划许可证》核发；非行政许可审批事项 2 项，包括《建设项目规

划条件》核定和《费用减免》审核。由于昆明尚未完成控制性详细规划的法定程序的审批，因而只能直接以地方的技术规定和行业规范作为规划管控的设计条件，规划实施的随意性大，城市规划和行政许可之间没有形成有法可依的"羁束"关系。在这种情况下，规划条件确定的管控内容实际上取代了控制性详细规划的地位与作用，它涉及对城市公共空间有限资源的配置问题，同时也直接关系到公众的公共利益，甚至是相关利害人的生命财产安全。

笔者认为，现阶段在控规编制的水平、深度和完整性尚不能跟上城市社会发展和经济建设速度的情况下，对于规划条件的审批管理至关重要，这与规划行政管理部门的工作重点情况相符。因此，虽然《建设项目规划条件》核定被确定为非行政许可审批事项，它涉及的规划管控内容却涉及应当进行行政许可审批的重要内容，而地方政府和城市规划局基于近年来国家对行政审批改革大方向的考虑，不想也不敢将其上升为行政许可审批事项，从而导致规划条件审批的自由裁量权无以规范。

2. 规划许可审批依据的法律地位问题

《城乡规划法》对控规的地位和作用作出了多方面的规定，明确了经依法批准并公布的控规是核发"两证"和规定规划条件的法定依据。但是在控规审批的管理方面，城市或镇的控规由城市或县人民政府批准即可，其法律地位较低，严格意义上来说，也称不上可以作为行政审批的"法律"依据。事实上，规划实施过程中提出规划修改的主体也多为政府本身或政府相关部门，由于规划的审批决策者更多的时候是在用自己的政策推翻自己关于规划管控的决定，因而控规的修改也成了规划局的常态化工作。

3. 规划决策机构的法律地位问题

虽然《城乡规划法》规定总规和控规编制完成后由政府审批，而规划许可应由规划行政主管部门行使权力，但由于政府政策的执行多涉及控规修改，而是否能够修改及如何修改又只能在审批报件过程中由规划部门确定，因而规划审批的程序表面上虽没有变化，实际的决策权却已普遍上交给市领导主持的城市规划委员会。

国内城市的规划委员会在机构性质上属于法定常设官方机构，一般对城市规划（控规）没有终审权，其人员构成以公务员和专家为主，公务员任期与政府任期相一致。其主要功能为协调和审议，审议方式以集体讨论、主任决定为主，会期定期或不定期。由此，城市规划委员会已经成为规划决策的决定性机构，而规划管理的决策者也从规划局长转移到城市政府主要领导，城市规划局则成为规划决策的执行者，规划权发生了实质性的上收。但是，规委会作为规划实施的决策机构并没有得到法律的认可，其实际拥有的决策权也变成了非法的决策权。

4. 规划许可制度的机制建设问题

规划许可制度的构建是一个系统性的问题。从规划开发控制的目标来看，规划许可制度应当在城市建设中保证市民享有最基本的公共权益、保护相关利益人的人身和财产安全、努力维护社会的公平和正义，它还应当被证明是合理和有效的。国外城市规划机构在审批过程中采用公共参与机制，让市民直接参与决策或召开公开审查会，以达到保护公共权益和维护社会公平的目的。而我国的公共参与机制已出现明显的"失效性"。公共参与的机制已经异化为保护规划审批的程序性规定，公共参与的程度并没有实质性的进展。对于规划条件的审批，更是没有公众参与的痕迹，但是在条件变更的程序中增加了公示的环节，给予相关利害关系人主张自己权益的机会。

除此之外，西方国家近代城市规划从形成的早期开始就为实现公共利益而推动"开发利益公共还原"的制度，影响了规划管理的政策导向，体现了规划管控对社会公平的追求，同时也体现了市场经济条件下政府对土地开发成本与收益分配的整体协调机制。事实上，在昆明的具体规划管理实践中也存在以"开发利益公共还原"为理念的具体规划管理手段，如"以房带园""受益者负担"等，但没有人对此进行过专门而系统的研究。

三、发展和改革目标

综上所述，中国的规划许可制度在法律保障、机制建设和权力分配上的建设都有待完善。

（1）规划许可制度尚待建立起强有力的法律保障体系。规划许可制度的程序性规定相对完整，而依法行政的法律依据不足，表现为城市规划虽可以依法审批，但其规划成果并无法律地位，特别是控规修改的常态化凸显其法律效力的无力。另外，规划决策权的上移已是必然趋势，但其法律地位缺失，客观上造成了政府和规划部门的权责不对等，互相推诿的现象频发。在行政审批改革的大背景下，我们应该加强规划许可的法律保障，真正做到有法可依、有法必依，减少规划审批的自由裁量权，加快推进规划管理法治建设的进程。

（2）规划许可制度尚待建立起保障公共利益、促进社会公平的规划实施机制。如何才能实现规划目标，如何守住城市规划的"底线"，如何让公众参与不再流于形式，这些问题都需要我们加强研究，参考和借鉴发达国家在规划实施管理中的有益经验，探索适合于中国实际的措施和办法，建立起有效保障规划公共利益和社会公平公正的实施机制。

（3）规划许可制度尚待建立起决策与执行相分离的权力运作机制。自成立以来，城市规划部门一直同时承担着裁判员和运动员的角色。各地的规委会纷纷成立后，由规划局承担的"批而不审"责任和城市政府承担的"审而不批"责任造成了双方的责权不平等，进而相互无责的状态。同时，政府的行政权力独大和自由裁量权过大造成了频繁的规划修改行为，大大降低了规划管控的权威性。行政审批效率的低下已经成为普遍的现实。要打破这种有权无责和有责无权的行政真空状态，必须从法律上建立起规划决策与执行相分离的机构设置，使规划权力的行使有法可依、权责对等，方能切实提高行政审批效率。

参考文献

[1] 中华人民共和国行政许可法 [Z]. 2003.

[2] 赵民. 推进城乡规划建设管理的法治化——谈《城乡规划法》所确立的规划与建设管理的羁束关系 [J]. 城市规划，2007，30（12）：51-66.

[3] 孙忆敏，赵民. 从城市规划法到城乡规划法的历时性解读——经济社会背景与规划法制 [J]. 上海城市规划，2008，79（2）：55-60.

[4] 中央编办理论学习组. 深化行政体制改革 [N/OL]. 求是导读，2014（3）. http://www.qstheory.cn/dd/2014dd/201401/t20140125_316469.htm.

[5] 中华人民共和国城市规划法 [Z]. 1989.

[6] 中华人民共和国城乡规划法 [Z]. 2007.

[7] 中华人民共和国宪法修正案 [Z]. 1999.

日本转型期城市规划制度转变研究

万君哲[1]

（1. 清华大学建筑学院，北京　100084）

摘　要： 中国目前正处于全面社会转型期，城市规划制度，包括立法、技术和管理三个体系，都需要根据经济和社会发展进行调整。邻国日本经历过类似的历史过程，其经验对中国具有一定价值。日本的城市化进程始于 1868 年的明治维新，一百多年来日本建立了自己的城市规划体系，并融合了欧洲诸国的经验多次改进。在其城市规划的历史上，因经济、政治和社会因素的推动，城市规划体系进行过多次改进，最终形成了 5 个历史版本。经历了中央集权到地方分权、管理到治理、自上而下到自下而上的转变，日本现行的城市规划体系实现了高度的地方自治。

关键词： 城市规划体系，转型期，转变

一、引言

1. 中日历史上的频繁交流

中日两国有着悠久的官方和民间交流历史，日本深受中国文化影响，是东亚文化圈的重要组成部分。自秦汉起，日本就通过朝鲜半岛接受中国先进的技术和文化，包括服饰、医药、宗教、文字、饮食、习俗等。除民间各种交流之外，日本政府还派遣了遣隋使和遣唐使出使中国，全面学习。日本国内建立的第一个大一统的王国在公元 645 年仿照唐朝的政治制度进行改革。遣唐使们还把城市规划的技术带回了日本，因此，日本古都的建设都是以唐长安为蓝本的。在改革中，日本政府试图建立起一个与中国类似的高度中央集权的国家，但是地方势力的崛起却使日本陷入混战，并最终进入幕府时代。

尽管中日历史上有过数次政治与军事冲突，但两国的交流却从未中断，商业和文化往来十分繁荣。

2. 传统日本的现代化

1853 年，"黑船事件"标志着日本的开国，日本幕府上下陷入被枪炮威胁的恐慌，与西方诸国签订了多个不平等条约。幕府的无能与列强的欺凌激起了日本民众的强烈不满，逐渐形成了"尊王攘夷"的改革思想，转变为"倒幕运动"。倒幕派经过三年

的军事对抗，于 1868 年成功击败幕府将军的军队，完全肃清了幕府的力量，政权回到天皇手中。新政府进行了土地制度改革，解放了贱民并解散了所有武士，开始进行国家体系的现代化。这次改革中，日本向西方派出了使节团，全面学习西方的政治经济制度，仅用了 40 年就完成了工业化进程，中央政府通过政策手段[①]主导了自上而下的工业发展。在经历了对外扩张和原子弹爆炸后，战败的日本在美国的指导下进行了国家重建。

伴随着工业化的深入，城市扩张和无序开发促使城市规划制度成型。政府出台了几个探索性的规则，并于 1919 年建立了第一个城市规划体系，随后的 100 年中，作出了多次调整。

二、九个阶段的城市规划体系[②]

1. 第一阶段：欧洲风城市改造期（1868—1887 年）

1）发展动机：政治诉求和现实需要

这一时期，出于政治原因，城市更新项目都集中在东京。此时的东京是日本国内最繁华也最拥挤的城市，作为国家的首都，城市环境与政治地位不相符。

明治维新初期，日本政府急于获得与西方诸国平等的国际地位，他们从西方引入了先进的工业技术，鼓励国民"脱亚入欧"。然而，仍旧处于现代化初级阶段的日本无法在国际社会获得话语权，"岩仓使节团"赴欧美国家，试图通过谈判取消幕府签下的不平等条约，以失败告终。因此，日本政府迫切希望提升自身的国际形象，城市风貌就是其中重要的组成部分。

当时东京市的城市状况极不乐观，房屋易燃、街道狭窄、传染病易发，与欧美各发达城市相形见绌。1873 年，岩仓使节团在考察欧美国家后的报告中，对巴黎改造之后城市的壮观，道路、下水道系统的完备进行了详细的描述，而 100 年前的巴黎也面对着今日东京的局促状况，这番彻底的变化使明治政府下定决心直接引进欧美的城市建设方法，对国内城市进行改造，将东京建设成能与欧洲城市媲美的国际都市。

2）城市改造项目与评价

（1）银座砖石街规划（1872 年）

1872 年，银座发生大火，烧毁 3000 多栋建筑。火灾之后仅仅 6 天，日本政府就公示了银座砖石街的规划，要将因火灾被毁的区域全部改建成不易燃的砖石建筑。这

---

① 日本迅速走向现代化的三大方针："文明开化、殖产兴业、富国强兵"。
② 九个阶段分期参考日本学者石田赖房的观点。

项规划是日本近代历史上第一个政府主导的城市规划项目，由英国工程师托马斯·沃特斯（Thomas Waters）负责。砖石街设置了4种宽度的道路，并在日本首创分离的人行道和马车道，以松树、樱桃树、枫树为行道树，安装时兴的煤气路灯。然而，由于当地居民的反对，建成建筑潮湿且漏雨，价格又非常昂贵等诸多原因，到1877年，银座砖石街的规划只完成了一部分。砖石街建成之后，成为日本文明开化的象征，并超过日本桥，成为日本第一的商业区。此举奠定了银座在东京黄金地段的地位（图1）。

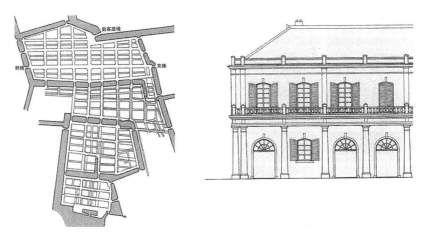

图1　银座砖石街规划
（资料来源：東京都市計画百年）

（2）官厅集中规划（1886年）

1886年，由时任外务卿井上馨牵头，德国建筑师 Hermann Ende 和 Wilhelm Boeckmann 在今辟谷公园附近设计了官厅集中规划，欲将所有的政府部门集中布局。这一规划选址就在1883年建成的欧式建筑鹿鸣馆[①]旁边，规模宏大，而且包含林荫大道、广场、公园、纪念碑等欧洲近代城市规划的诸多要素。但是随着明治政府与欧美各国"条约改正交涉"的失败，井上馨引咎辞职，市区改正计划成为内务省的核心工作，此规划也无疾而终（图2）。

这一时期，日本的城市规划体制并未形成，仅有一些以国家为主导的、政治意味浓厚的规划项目，这些项目全部由欧洲的工程师负责，从规划理念到物质形态都实属舶来品，与日本的传统城市形态形成巨大的反差。因为民众意识的落后和造价昂贵等因素，这些项目大都无法完全实现预期的效果，有的则成为一纸空图。但这一阶段为日本城市规划体系的萌芽开辟了道路。

---

① 由井上馨力主建成的欧式会所建筑，成为当时达官贵人聚会交往的场所。

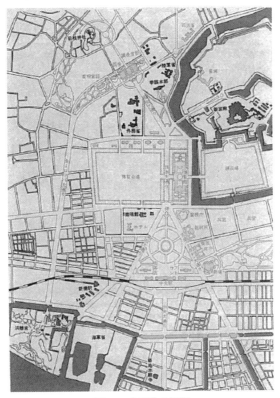

图2　官厅集中规划

（资料来源：東京都市計画百年）

2. 第二阶段：市区改正期（1880—1918 年）

1）发展动机：为推进城市化进程，自上而下的基础设施建设

江户时代留下的东京是一个高度低、密度高、拥挤而混乱的城市，与日本开始高速发展的经济极不匹配。在这一阶段，东京知事等政府要员开始用公共权力建设基础设施、改善城市环境，核心目标是改变城市的旧有面貌，防止火灾发生，保障公共卫生。1880 年，为了解决东京的拥挤和火灾隐患问题，东京府知事松田道之发表《东京中央市区划定问题》，即"东京筑港规划"。由于商界和政界间对此问题存在极大争议，此规划并未成型，但却成了接下来的《东京市区改正条例》的扳机。1888 年颁布的《市区改正规划》，可以理解为当时的城市规划条例，全面考虑了城市的上下水道、公路、铁路等基础设施，奠定了东京城市化的基础，也是由东京城市管理者主导的自上而下的规划。

2）第一个城市规划条例的形成

1888 年《东京市区改正条例》和 1989 年《东京市区改正土地建筑物处分规则》（简称《处分规则》）的颁布标志着日本近代城市规划制度的诞生。频发的大火、肆虐的传染病，铁路和马车在日本的应用更加广泛，旧的江户城越来越不适应日本经济的发展，当时日本的东京府知事芳川显正认为必须对道路和铁路进行有计划的建设，于是在1884年向内务省提出提案。在此提案的基础上，1888年，内务省设立了"东京市区改正委员会"，该委员会由内阁大臣监督组建，意味着中央政府对东京规划的主导权。芳川显正担任委员长，并通过了《东京市区改正条例》。在此条例颁布前后，共有四个市区改正方案，分别是：1884年芳川显正的提案中的规划；次年为通过市区改正审议会审查而再次提交的规划；1889年市区改正委员会议定，并得到内阁认可且已经公示的市区改正设计；1902年东京市区改正委员会决议，次年公示的东京市区改正新设计。这四项规划被统称为"东京市区改正规划"，是第一个覆盖东京全域的规划，并且已经涉及用地确定、公示、土地利用限制等一个完整的城市规划的各个方面。《处分规则》规定了市区改正所涉土地的征用细则，并对建筑物的新建、改建、扩建都加以限制，已经具备了规划限制的思想。

市区改正规划从1888年条例颁布，到1918年《城市规划法》颁布之前，一共实施30年。这30年又可以按实施重点分为三个阶段：①上水道建设期，修建自来水厂，铺设净水道；②市区道路桥梁建设期，修建马车铁道和路面电车铁道；③下水道建设期，分流马车粪便和雨水。经过30年的建设，东京市的基础设施实现了从封建农业城市到现代化城市的转变。除东京外，大阪、京都、神户等大城市也进行了市区改正，建设内容和东京大同小异。

3. 第三阶段：城市规划体系确立期（1910—1935年）

第一次世界大战前后，日本进入空前的经济发展期，在甲午战争、日俄战争中都取得了胜利，进行海外殖民，发展为亚洲军事强国。同时，日本国内的产业革命也在进行，形成了坚固的资本主义体制，近代工业发展迅速，城市人口也迅速增加，人口10万人以上的城市从6个增加到16个。城市职能也各有侧重：浜松、八幡是工业城市；小樽、若松是港口城市；夕张、大牟田是炭矿城市；横须贺、吴是军事城市。另一方面，东京、大阪等已经形成的大城市，在进入20世纪之后人口骤增，1919年，东京周边82町村人口较之20年前增加了2倍，山手地区和东京市相接之处人口增加了超过3倍。可想而知，市区不断向郊区扩张，形成了混乱无序的城市空间。住宅与工业用地混杂，工人住房密集且环境恶劣，城市也缺乏相应的公共服务。

大城市的扩张需要新的规则：新发展起来的城市，需要进行各种形式的土地整理、市区开发等工作，同时也需要对道路、铁路、港口等基础设施进行规划。

《城市规划法》：区划、用途地域与建筑线

1918年，内务省设立了城市规划调查委员会，1919年，内务省公布了《城市规划法》

和《城市建筑物法》，即现行的《城市规划法》和《建筑基准法》的前身。《城市规划法》要求组成城市规划委员会，负责调查审议相关事务。委员会由地方知事担任会长，成员主要是地方议员以及学者，委员会需受到内务大臣的监督。

1919年《城市规划法》的主要内容是：①进一步确立了中央集权的城市规划行政体系；②将《城市规划法》的适用范围由特定的城市逐步扩大到所有的城市或城镇；③确立了城市规划区的概念；④创建了类似于 Zoning 的"地域地区"制度；⑤将城市规划的内容分为规划与规划实施项目；⑥创立了"土地区划整理"制度；⑦允许城市规划实施项目进行土地征用、征收特别税和创立受益者负担制度等①。

1919年的《城市规划法》引进了3项规划新技术，分别是土地区划整理、用途地域和建筑线。这三项技术和日本宪法一样，都借鉴自德国。这一时期，欧美各国的城市规划技术被日本政府着力引进，对日本城市规划体系的形成产生了重要的影响。英国1909年的《住房与城市规划法》和霍华德的"田园城市"城市规划思想都被介绍到了日本。

4. 第四阶段：战争中的城市规划期（1931—1945年）

这段时期可以称作日本城市规划体系的中断时期。并不是因为这一阶段没有进行城市规划，或者《城市规划法》被废止，而是因为这15年间的城市规划是出于军国主义扩张或对天皇地位的追捧而进行的。

日本一直紧跟西方规划潮流，因此也出现了区域规划的视角。日本城市规划界受到1924年在阿姆斯特丹召开的国际城市规划会议的巨大影响，特别是绿带和卫星城的概念成了日本大都市圈区域规划的原型，一直影响到现在的城市形态。

1940年关东地区大东京区域规划的模式图与1917年 Paul Wolf 的模式图如出一辙（图3）。东京还于1939年和1943年分别制定了东京绿地规划和东京防空空地及空地带规划。这些规划一方面是顺应国际潮流，在大城市内营建绿色隔离带，另一方面，也在满足着战争的需求。大东京区域规划的外环道路串联了东京周边的军事基地，环状铁路也兼具运行火车炮的功能。

5. 第五阶段：战后复兴城市规划期（1945—1954年）

第二次世界大战严重摧毁了日本的城市化水平。为了从第二次世界大战期间的灾害中恢复，日本中央政府主导了一系列复兴规划。1945年，日本政府公布了《战灾地区复兴规划基本方针》，基本目标是抑制过大的城市，复兴地方中小城市。方针发布后，各地方政府都制定了各自的规划，但实施却很不理想，特别是东京制定的《东京战灾

---

① 谭纵波，日本城市规划行政体制概观 [J]. 国外城市规划，1999，4.

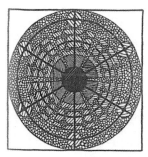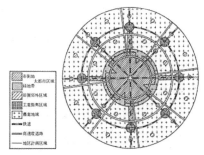

图3　关东地区大东京区域规划及其原型
（资料来源：大东京区域规划）

复兴城市规划》，只实施了7%。这项规划非常理想化，希望把东京人口控制在350万以下，保持全市土地面积34%为绿地，并对城市基础设施制定了高标准的目标，许多著名建筑师如丹下健三都参与其中。

鉴于规划实施的进展不顺，加之日本国内通货膨胀的到来，日本政府在GHQ[①]的干涉下通过了《战灾复兴城市规划再检讨的方针》，实际上大幅度缩减了原规划的内容。

在美国的指导下，日本进行了政治改革和经济复兴，工业复苏，土地价格升高，人口向城市地区集中，城市规划制度也面临同样的改革。改革的核心内容有三：城市规划权限从中央转移到地方；城市规划决策引入公众参与；强化对土地利用强度的控制。然而，改革内容引起了较大的震动，出现了激烈反对的声音，而建设省认为，规划权力的移交将导致规划丧失统一性与综合性，最终改革未能进行，为接下来日本高速城市开发期的混乱埋下了祸根。

6. 第六阶段：基本法缺位的城市开发期（1955—1968年）

1955年开始，日本走出了战后的阴影，迎来了经济高速增长的时期。资本积累加速，城市问题凸显，东京、大阪、名古屋形成了太平洋工业带（图4）。

日本许多学者对这一时期仍沿用1919年的《城市规划法》持有否定态度。丹下健三评论这一规划法是"时代错位的上世纪遗物"（丹下健三，1960）原因在于旧规划制度的中央集权、缺乏公众参与、资金削减及对建筑管控不力。上一阶段流产的改革本来应该能够解决这些问题。

纵观这十余年间日本城市规划的发展历程，可以总结出以下几个特点：

（1）虽然没有基本的城市规划法，但为了满足高速增长的国民经济的需求，日本制定了许多针对城市开发项目、城市土地利用和道路建设相关的法律，如《土地

---

① 　GHQ: General Headquarters, 驻日盟军总司令部。

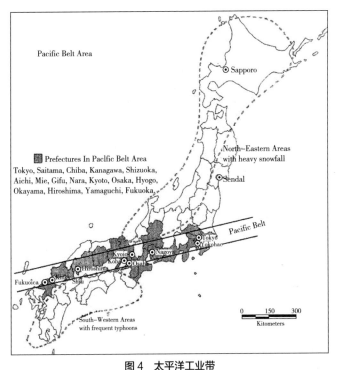

图4 太平洋工业带

（资料来源：*The Making of Urban Japan*）

区划整理法》（1954年）、《住宅地区改良法》（1960年）、《市区改造法》（1961年）。这些法律在某种程度上弥补了基本法缺失的不足，但出发点是以保障城市开发与经济增长为主导。

（2）城市规划建设参与主体多样化。这一时期出现了大量的公团、公社，这些是这一阶段城市规划开发的主体。

（3）新型城市空间的出现。经济高速发展以来，城市不仅向郊外横向发展，建成区内部也不断进行改造，伴随着建筑技术的成熟，建筑高度不断增加，城市在纵向空间中也有突破。随着城市改造经验的积累，日本城市改造的手法也日趋成熟，步行商店街、地下街道、高架步行系统等都成为综合考虑的要素。

（4）以三大城市圈为首的区域规划兴起。1960年代，以东京为核心的首都圈、以大阪为核心的近畿圈和以名古屋为核心的中部圈形成了东海道大城市群。在这一时期，日本出现了跨越都道府县范围的大城市圈规划，以统领协调三大城市圈内部的人口、产业、文化、信息等。

（5）城市规划专业人员的丰富与成长。经济高速发展时期，城市规划业务增加，日本出现了专门的城市规划咨询部门。大学和研究室以及城市规划学会、协会等学术团体也都大量参与了城市规划、综合开发等的制定。

（6）城市问题。大量郊区农田受到城市扩张的侵蚀，机动车交通带来了空气污染、噪声污染和交通拥堵，高层建筑物对低层住宅造成了日照侵害，涌入东京的大量劳动力都蜗居在山手线周边狭窄破旧的木质公寓里，直到现在都是城市中的危险地带。

7. 第七阶段：新《城市规划法》主导时期（1968—1985年）

1968年，经过十余年的高速经济发展，日本的城市建设矛盾日益凸显，对城市无序开发和城市问题不满的日本市民也掀起了轰轰烈烈的住民运动。各主体都参与到城市建设中，建设水平参差不齐。

为了应对这一系列问题，1968年新的《城市规划法》终于浮出水面。1970年，《建筑基准法》也进行修正，形成了新的城市规划体系。新的城市规划体系主要有以下变化：

①城市规划行政的决定权限由中央政府转移至都道府县和市町村地方政府。②城市规划方案的编制及审定过程增加了市民参与的程序。③将城市规划区域划分为城市化区域和城市化控制区域，并增加了与之配套的开发许可制度。④将控制土地利用分类的用途地域制度进行细化，并广泛采用容积率作为控制指标。1980年，《城市规划法》和《建筑基准法》又进行修订，增设"地区规划"作为法定规划的内容。地区规划是城市规划中的详细规划，其编制实施权限属于市町村等地方政府，编制过程中更需要实现公众参与。

新的《城市规划法》和《建筑基准法》所确定的城市规划体系，体现了日本城市规划的现代化转型，是顺应时代发展潮流和社会经济变革的进步，可以说是自下而上的民主运动诉求与自上而下整治城市形态愿望的结合。但无法弥补的是，城市规划体系的转型滞后于经济发展十余年，错过了控制城市无序发展的最佳时期。

8. 第八阶段：反规划、泡沫经济期（1982—1992年）

1980年代至2000年这20年间，日本经济经历了过山车般的剧烈震荡。自1971年以来，日本的经济发展增速有所降低，1973年与1979年的两次石油危机对日本制造业产生了不良影响。里根和撒切尔抛弃凯恩斯主义的做法也影响到了日本，日本政府开始放宽限制，给与民营经济更大的自由度，增加中小企业的活力。1983年，建设省向当时的首相中曾根康弘上交了《基于规制缓和的城市再开发促进方针》，在报告中提出了促进方针的三个部分，分别是放宽城市规划和建筑控制以促进城市再开发，活用国有土地推进城市开发，放宽限制以促进住宅用地开发。尽管学术界对此非议不断，但政治家和商人们都期待以这些改变来刺激经济增长。这种"规制缓和"一定程度上助长了地价的高腾，一些学者认为这正是导致日本泡沫经济的原因之一。泡沫经济的破灭对日本经济造成了严重的打击。

9. 第九阶段：向市民主导、地方分权方向发展时期（1992 年至今）

1990—2000 年，被称为日本历史上失去的十年，日本进入漫长的经济衰退期。土地价格持续下降，制造业低迷，失业人口数量增加，社会福利体系承受更大的压力，老龄化社会和环境问题也更加严重。

1992 年对城市规划基本法律的调整，进一步增加了市町村等地方政府的规划事权。1999 年，日本国会通过了《关于为推进地方分权构建相关法律体系的法律》，建成《地方分权法》，对城市规划相关法律在内的 475 部法律作出了调整。此次调整将城市规划作为地方政府的工作，基本脱离了中央政府的管理。这次调整被认为是日本整体由快速发展的"城市化社会"向成熟的"城市型社会"过渡的标志。

2002 年，国会通过《城市再生特别措施法》（此后简称《城市再生法》），其中设置了城市复兴紧急整备地区，目的在于以这类地区为据点，通过城市开发，推进紧迫而重要的市区建设。

三、结语：日本城市规划体系的转变

转型期日本城市规划体系的转变   表1

	市区改正时期（1888—1918年）	旧《城市规划法》体系（1919—1944年）	流产的城市规划体制改革（1945—1968年）	新《城市规划法》体系（1968—1984年）	泡沫经济后（1985年至今）
规划体系特点	旧有城市的基础设施建设；适用于 5 个大城市	中央集权，参照西方规划技术，确立了基本的城市规划体系，推广到日本全国各城市	地方自治和土地利用强度控制	地方自治，土地利用分类细化	规制缓和，激励开发，公众参与加强
转型城市化率	<10%	18.7%	37.9% 或 27.8%	70%	76.7%
转型原因	脱亚入欧，旧城格局不适应新的生活方式与经济发展	经济增长，城市人口增加，城市用地扩张，需要统一规则对新的建设进行规范	地方自治和民主化的政治趋势	经济快速增长，城市问题凸显，住民运动高涨，土地利用规划失效	经济发展缓慢，人口结构老龄化，城市衰退，地方分权
转型后的规划技术	无	类似 Zoning 的地域地区制度；确立城市规划区的概念；土地区划整理制度	土地利用强度控制的强化	城市化区域与城市化调整区域的区分；用途地域分类细化；采用容积率作为强度控制指标；增加了公共参与的环节	增加容积率控制放宽的地区规划种类；增加了中央政府主导的"都市再生"项目

续表

	市区改正时期 （1888—1918 年）	旧《城市规划法》 体系 （1919—1944年）	流产的城市规划 体制改革 （1945—1968年）	新《城市规划法》 体系 （1968—1984年）	泡沫经济后 （1985年至今）
规划 决定 主体	中央政府	中央政府	地方政府和市民	地方政府和市民	地方政府和市民
规划 主导	无	开发主导	开发主导	控制主导	控制与开发主导

表1总结了日本过去100多年来城市规划的转变过程，从中可以得到几个结论：

（1）城市规划的转变是与经济和政治转型同步的。政治和经济在不同时期主导城市规划变革，并相互作用。

（2）城市规划被赋予了政治功能。城市规划政策需要考虑低收入人群和弱势人群（如老龄人），防止公共利益被侵害，保持社会稳定。

（3）规划技术一直在改变，但是规划技术的改变需要由法律来规范，法律守住底线，防止既得利益群体不正当获益。

（4）随着城市化进程的推进，日本的规划体系表现出地方分权和民主化的趋势。中央政府不再主导城市规划，地方政府和市民才是规划的决策者。

参考文献

[1] Sorensen A. The making of urban Japan：cities and planning from Edo to the twenty-first century[M]. London：Routledge，2002.

[2] 石田赖房. 日本近现代都市计画の展開1868—2003[M]. 东京：自治体研究社，2004.

[3] 谭纵波. 日本城市规划行政体制概观[J]. 国外城市规划，1999（4）：6-11.

[4] 東京都. 東京都政五十年史[M]. 东京：ぎょうせい株式会社，1994.

对法国城市规划核心工具的演进及其立法背景的回顾

范冬阳[1]

（1. 清华大学建筑学院，北京　100084）

摘　要：城市规划工具变化是城市规划体系变化与演进的重要观察内容。本文系统梳理法国城市规划的核心工具、核心规划工具演进的立法背景以及现行城市规划的主要工具及其各自演变过程，总结发现：法国城市规划工具的演进代表了"具体部分城市自治，远景发展政府规划"的核心价值；法国政治和社会结构的嬗变，是城市规划领域中央集权与地方自治分权不断博弈的最终结果。

关键词：城市规划工具，规划工具演化，法国

一、法国城市规划的核心工具

法国具有法律效力的城市规划工具出现于 1924 年著名的 Cornudet 法案，其中要求法国较大的几个城市各自编制"关于城市治理、扩张和美化"的规划。在此之后的两次世界大战使法国的城市规划和城市的发展都被抑制，直到 1945 年开始的"光荣三十年"，城市规划体系才开始成为具有立法体系、行政管理机构和不同层级法律工具的一整套制度。在那之后，整个城市规划体系虽然一直保持在原先的框架之内，却经历了持续的改进和完善。

城市规划的核心工具（本文主要指具有法律效力的规划文件工具），作为最具有可视性、最易被观察的部分，可以从一定程度上表现出城市规划体系重要的变化和演进。

《城市规划法典》是用于收录法国城市规划领域重要法律法规及指导城市规划的法典。本文所指的城市规划核心工具（包括现行工具的前身），主要是被法国《城市规划法典》收录在内，承认其法律效力和法律地位的城市规划工具，它们共同构成了法国城市规划完整的技术体系。

二、规划工具演进的立法背景

20 世纪以来，特别是 1943 年至今的法国历经数次重要的社会转型，每一次转型

都产生新的社会需求，从而导致新的立法出现。几次里程碑意义的立法分别出现在 1967 年、1983 年、2000 年和 2010 年（表 1）。

不同层级城市规划工具演进及其背景立法出现的时间　　　表1

国土单位　　　时间	1955年	1959年	1967年	1983年	1995年	2000年	2010年
重要立法		Ref	LOF	Dec	LOADT	SRU	Grenelle
大区					DTA		DTADD
省市镇联合体			SDAU	SD		SCOT	SCOT&PADD
市镇	RNU	PDU/PD	POS			PLU	PLU&PADD

从 1943 年开始，由于人口迅速增长、快速的城市化以及战后重建的需要，法国以凯恩斯主义的经济发展模式为主导，通过强大的国家工具和政府干预推动经济发展。这一阶段的城市规划被当作国土资源分配的重要工具，自然受到国家的强力控制。此时通过立法对"土地优先购买权"和"公共利益"等地役权的确定，让国家能直接对土地使用进行干预。

1950 年出现了用于促进大规模住宅建设和土地利用的工具"ZUP"——"优先城市化地区"，同时在全覆盖国土的层面上创立了"RNU"——"城市规划国家规定"，以便在全国范围内，尤其是国家没有精力设立具体发展规划的地方，为土地使用和城市发展建设设立底线。

之后的 1958 年,出现了现行城市规划体系两级重要组成部分的雏形："PDU"——"详细城市规划"和"PD"——"城市规划指令"。这是首次出现政策性、展望性的规划（PD）和详细的、实施性的规划（PDU）——两级城市规划工具。同时，两者各自的内容也有所规定，包括规划图纸、实施程序（后来成为规划导则）以及附件等。在城市、村镇以及城市联合体等不同的国土单位上，PD 和 PDU 都是由中央政府派驻各级的代表机构进行拟定和批准的。

1967 年的 LOF 立法，又称《土地指导法》，在 PD 和 PDU 的基础上，为现行的城市规划体系构建了较为完善的框架，由此产生了 SDAU（城市规划空间指导计划）和 POS（土地利用规划）。这两个非常重要的工具一直使用到 1983 年，深深地影响了这一阶段的城市规划。LOF 出现时正是法国由于战后"婴儿潮"造成人口增长的高峰，对新增住宅产生强烈需求，同时，战后遗存的、衰落的城市中心也亟待复兴，并且此时的 LOF 还肩负着协调地方城市发展规划和国家发展计划的责任。

由 LOF 产生的城规工具体系包含的 SDAU 是战略性的、长期导向的规划，但不具有法律效力，而 POS 是具有很强的法律效力，具体、详细地控制土地利用的规划。POS 是 LOF 留给规划体系的一份重要的原型和遗产，且 LOF 首次提出明确要求，要使 POS 尊重并与 SDAU 相协调。这两个工具的分立和互相补充可以同时满足长期和短期的规划目标，但也埋下了城市规划地方分权的种子。

1980 年开始的一系列关于国家行政地方分权的法律使得地方分权成为这一阶段城市规划的主要特征。此时，上一阶段的两个工具——SDAU 变成了 SD，POS 仍沿用下来，其中的重大变化是更为深刻的。地方分权将城市规划的一整套权利、责任和财政配置打包，从中央政府转移至地方政府，包括市镇、城市和市镇联合体的各级地方政府，还在原有地方行政主体的基础上增设了"大区"，从而削减了"省"的权利。这样一来，碎片化的地方政府之间的互相协调问题凸显出来，为此想出的办法是创造了新的规划工具——DTA。

为了回应新时期的城市发展需求，2000 年的 SRU——《社会团结与城市更新法》给城市规划体系带来了一系列修改和变化。

此时的社会背景与 LOF 时期有很大不同，表现在以下几个方面：首先，Bouchardeau 法案在城市规划中加入了更多的个人参与，原先的城市问题相关各利益方之间的"协调"观念转变为"自治"和"治理"，而这一点被认为是"可持续发展"的一个重要评价标准；同时，环境问题和能源消耗问题成为城市问题的核心，人们开始在城市规划中考虑自然灾害等问题；再次，关于城市政策与交通发展相协调这一问题的全民讨论导致了 2003 年住宅相关法律的出现。所有这些新的情况要求人们对城市规划从方法论上进行修正，最终 POS 和 SD 在经历了深刻的修改和变革之后成为此后通行的 PLU 和 SCOT。

SRU 主要包含三点内容，即对高密度地区进行减税而实现空间的节约利用，反对城市蔓延和扩张以及通过强制要求新建住宅区包含 20%（后增至 25%）的廉租房、保障用房来实现住宅和财政的平衡。同时，交通相关的政策在 PLU 中弱化了停车位的地位，加强了不同交通组织和体系之间的相互协调。

Grenelle 法的 1、2 两部是迄今为止最后一次对城市规划法产生重大影响的立法，其主要影响在于给城市规划注入了新的指导原则——对自然资源、生态环境的保护和对可持续发展的强调将成为城市规划活动的重要部分，这在 Grenelle 法出现之后的《城市规划法典》中被概括在"土地使用通则"部分："法国国土是全国的共同财产，每个公共机构在其权责范围内都是国土的保护者和管理者。为了能够拥有更好的住宅，确保当今和未来的国民们能够无差别地享受充分的居住条件、足够的工作和交通，满足他们不同的多样化的需求，并确保对土地的集约利用，减少能源消耗，保护并节约利用自然资源与景观，维持生态多样性……所有公共机构都要在互相尊重自治权的基础上协调彼此对空间利用的预期和决定，他们对待城市的方式要能够有助于应对气候变化并适应这种变化。"

Grenelle 法在原有的 PLU 中加入了"PADD"（可持续发展规划），并将原有的 DTA 变为 DTADD——DTA 的"可持续"版本。

三、现行城市规划的主要工具及其各自的演变过程

法国城市规划体系中，不同的词语用于表示不同属性的规划工具，以下对主要的几个作一解释：

Directive：指上级对下级单位的指示、指令和要求，一般是由中央政府发出，提出普遍通用的规范和要求。

Schéma：包括计划、框架等意义，是重要而具综合性的，一般不具有法律效力。

Règlement：指规定，是具有强制力的、严格而具体的规定，一般是负面清单，主要说明不能做什么。

Plan：具有规划图纸文件和文字说明的城市规划工具，比较类似中国的控制性详细规划。具有强大的法律效力，作为诉讼依据时可以被第三方抗辩。

Carte：指图纸。在 PLU 缺位时，用于较小市镇的规划。

法国现行城市规划体系的重要工具包括 DTADD、RNU、SCOT、PLU、CC、PSMV 等，以下分别介绍：

DTADD——国土可持续发展与规划指令。由之前的 DTA 演变而来，主要内容没有变化，增加了可持续发展部分的内容。主要的三个目标是：加强不同城市政策之间的协调与统筹，控制城市规划与地方政府的行为，努力形成一个覆盖法国国土的城市规划领域全景（但最后一点因为地方分权的出现而变得极其困难）。同时，DTADD 还要取代 SD 成为在战略性国土发展和土地领域方面的长期展望工具，并对《滨水地区和山地地区法》在空间上的落实进行具体化。

SCOT——土地协调计划。发展过程：PD—SDAU—SD—SCOT。最初的 PD 是由中央政府制定来决定大规模土地利用的，之后的 SDAU 的目的在于为大城市周边的城市联合体进行城市规划，主要由联合体共同的研究小组进行编制，其内容包含规划图纸、说明文件和对重要分区（如居住、产业、基础设施等）的定义，虽然仍具有强烈的区划概念，却已具有一定的战略性和长期展望性，它为 POS 提供了具体实施的时空框架。地方分权后的 SD 与 POS 共同构成了地方政府进行城市规划的法律工具，而 SRU 之后，

SD 正式变为 SCOT，在保持主要内容的基础上有部分新增。

SCOT 是中长期的城市规划工具，但它的主要作用是进行国土协调。由于 2004 年市镇联合体的出现，SCOT 由 EPCI——市镇合作公共机构进行编制，且适用于组成市镇联合体的各个市镇。《城市规划法典》确定了 SCOT 的目标是要坚守平衡发展、城市更新、土地集约利用和环境保护等原则进行空间协调。SCOT 主要包含三个部分：一份动机说明书（说明具体问题中 SCOT 的立场和原则），空间使用分析以及一份可持续发展计划（用以表达在尊重可持续发展原则的基础上，可能利用的发展方法）及其详细说明部分。

PLU——地方城市规划。发展过程：PDU—POS—PLU。一开始，PDU 是政府要求人口多于 10000 人的市镇要进行编制的城市规划文件，以说明土地利用和权属，是以人口统计为基础的，缺乏监督和落实，但表达了最初的区划概念。之后的 POS 作为控制性详细规划的类似物，在城市的部分或整体土地上产生作用，POS 的编制主题是市镇与国家政府在省级单位的派出分支，但仍是中央政府起主导作用。POS 的法律效力很强，在规划批准之后就很难有变动，从而保证区划实施的稳定性。由于 POS 在一定程度上帮助地方政府通过出让土地获得财政收益，所以 POS 的编制和实施量很大。POS 的内容包括说明文本、问题诊断、各方面分析和土地分区（表示城市和乡村的部分）——根据未来空间潜力的不同，土地被分为不同等级，用"城市""自然"来表示，并在次级系统中实现发展引导。分区图上，用不同的分区等级标示，并在"城市化"的部分配以容积率数额进行限定。同时，附图要标示该区域基础设施情况。1980 年以前的 POS 由国家的派出机构批准时效为 5—10 年。1980 年之后，审批权被下放至地方政府。

从 SRU 开始，PLU 代替了 POS，在保留了 POS 大量内容的同时增加了新的部分。从名称上来看，二者的区分就是明显的：L 代表地方，意味着 PLU 完全是由地方政府编制和审批的城市规划文件；而同一个 U，在 POS 中指土地，在 PLU 中指"城市"，意味着 PLU 的规划内容不仅限于土地的区划，而是包含了城市的更多内容，包括发展战略、社会组织、可持续发展等，城市规划文件中的"区划"思想逐渐被"城市计划"所替代。

Grenelle 法对 PLU 进行的几次修改中，最重要的是在其中强制要求提供"蓝绿网"，用以反映对植被和水域的保护，提供城市规划导向和程序以确保可持续发展的价值观被认真采纳，同时，住宅和交通系统之间的衔接规划也被要求提供。与 2010 年之前的 PLU 相比，现行的 PLU 内容更加丰富，在其编制中要包含的项目也更多。

PSMV——历史街区保护与发展规划。该规划工具适用于被确定为历史保护街区的城市空间，其特殊之处在于保护性的规划属性，即在历史保护街区中，PSMV 代替 PLU 成为地方规划文件。这一工具自出现以来没有太大变化。

RNU——城市规划的国家规定。这是适用于法国国土范围内的最基础的限制性规定。RNU 自出现后变化较少，是较小市镇没有能力编制 PLU 甚至 CC 时的城市规划活动底线。它以"有限建设"为基本原则控制地方发展，当没有其他城市规划工具支持时，在已有城市化地区之外的建设很少获得许可。这一限制性规定的出现促使地方政府编制 PLU 等规划，以发展地方城市，并在最不利的情况下保护了自然环境和资源。

四、法国城市规划体系工具演进反映的价值核心

在法国城市规划工具的演进中，可以看到两个明显的发展特点，简单的表述为：城市问题的具体部分由人民自治，远景展望由政府承担。这体现为市镇一级地方政府是实施性城市规划的主体，他们通过市政府编制并审批通过最符合当地居民需要、最适应本地情况的自己的规划（PLU 和 CC），而这些具体的规划是具有法律效力的，并可以清晰地分配规划权力并保障规划的实施和监督。另一方面，中央政府在向地方政府交出大量规划权力的同时，保留了在国土上进行总体协调、统筹各层级地方政府的权力，以便在最大范围内确定和维护公共利益以引导国土和社会的发展。这个层级的规划，如 DTADD 以及其他跨大区的 SCOT 规划都是具有战略性和展望性的规划，却比之地方规划拥有较少的法律效力，这保证了规划的兼容性和适应性，以不断根据现实情况进行调整和修正。

法国城规体系的核心价值在 POS 和 SDAU 出现时第一次得到了清晰的表达，而后在地方分权的过程中被修正和加强，最终表现在现行的 POS 和 SCOT 为核心的规划工具体系中。这种演进反映的是法国政治和社会结构的嬗变，是城市规划领域中央集权与地方自治分权不断博弈的最终结果。

参考文献

[1] 刘健. 法国城市规划管理体制概况 [J]. 国际城市规划，2004（5）：1–5.

[2] 刘健. 20 世纪法国城市规划立法及其启发 [J]. 国际城市规划，2004（5）：16–21.

[3] 刘健. 法国国土开发政策框架及其空间规划体系特点与启发 [J]. 城市规划，2011（8）：60–65.

[4] 卓健. 法国城市规划的地方分权——1919—2000 年法国城市规划体系发展演变综述 [J]. 国际城市规划，2009（S1）：246–255.

[5] 城市规划法典 . http：//www.legifrance.gouv.fr/affichCode.do；jsessionid=1512C4E398108228E50788A073AB6BD9.tpdjo17v_2?idSectionTA=LEGISCTA000006143277&cidTexte=LEGITEXT000006074075&dateTexte=20141015.

[6] Wikipedia：Urbanisme enFrance.http：//fr.wikipedia.org/wiki/Urbanisme_en_France#La_loi_de_1943.

[7] Wikipedia：documents d'urbanisme. http：//fr.wikipedia.org/wiki/Document_d%27urbanisme.

1927—1937 年南京国民政府的城市规划体系
——以南京为例

黄道远[1]

（1.清华大学建筑学院，北京　100084）

摘　要：1927—1937 年是国民政府城市规划体系的初步形成时期，也是首都南京城市建设的"黄金十年"，这一时期南京的城市规划体系发展是国民政府的先进代表。本文从城市规划法律体系、管理体系和技术体系三个方面，对 1927—1937 年间南京国民政府的城市规划体系进行了研究，并以南京为代表进行了案例阐述，最后总结了这一时期南京国民政府城市规划体系的特征。

关键词：国民政府，城市规划体系，南京

一、引言

1927 年，国民政府奠都南京，成立了南京国民政府，正式接管了北洋政府的统治。1927—1937 年日本侵华战争全面爆发这十年间，中国迎来了一个相对稳定的发展时期。这十年间的中国，与北洋政府时期相比，处于一个相对安定的政治环境中，国民政府开始有计划地推进各项城市建设，城市规划体系逐步形成和完善。南京作为新国都，是国民政府倾全国之力重点发展的城市，在此期间迎来了城市建设的"黄金十年"，城市规划的法律、管理和技术在这一时期发展迅速，诞生了许多具有重大历史意义的成果。本文从城市规划法律体系、管理体系和技术体系三个方面，对 1927—1937 年间南京国民政府的城市规划体系进行了研究，并以南京为代表进行了案例阐述，最后总结了这一时期南京国民政府城市规划体系的特征。

二、城市规划法规体系

1. 全国：相关法规相继颁布，核心法尚未形成

1927—1937 年间，是南京国民政府政局较为稳定的一段时期，各项事业都有较大发展，法律制度建设也不例外，"六法"体系已初步形成，作为行政法内容的城市规划法律制度的建设也提上了日程，出现了一些重要的相关法律法规。

南京国民政府成立之后，于1928年颁布了《特别市组织法》和《市组织法》，这两部法律是包括城市规划组织在内的城市机构设置和组织方式的基本法律依据。1930年，颁布新的《市组织法》，撤销特别市建制。

与城市规划关系最为密切的基本法律是1928年3月颁布的《建设委员会组织法》。该法共11条，规定建设部变更为建设委员会，是第一次以法律的形式规定了城市规划与建设机构的构成和组织方式，带动了全国各城市规划主管部门的建立。国民政府在1931年和1936年分别对其进行了修订，足以说明该法的重要性。

行政院还于1936年颁布了《各省市建设中心工作审查委员会组织规程》，以推进各省市的城市建设规划工作。1933年，建设委员会颁布了《建设委员会振兴农村设计委员会组织章程》，表明国民政府开始关注农村的规划建设工作，体现了城乡统筹的先进思想。

此外，在此期间还颁布了《土地法》《土地征收法》等相关法律，各种具有法律效力的训令和谕令以及包括《城市设计及分区授权法草案》和《首都分区条例草案》在内的条例草案。从当时看，1930年6月颁布的《土地法》是比较重要的一部城市规划的相关法，此法对于土地重划的机关、重划的程序等事关城市规划的内容有详细规定，是当时进行城市规划的一个重要法律依据。但较可惜的是，作为核心法的城市规划法依然没有形成完整的法律形式。

2. 南京：三位一体的法规体系初步形成

1927年国民政府定都南京之后，为保障首都各项建设事业的有序推进，先后制定、颁布了一系列城市规划法律法规，初步形成了由规划组织、规划管控、规划文件共同组成的三位一体的法规体系（图1）。

图1　三位一体的城市规划法规体系
（资料来源：作者自绘）

一是关于市政组织和规划机构设置的法律文件。其中最重要的是《南京特别市工务局组织条例》，规定了南京市工务局的职能以及内部机构设置、分工等方面的内容。此外，还有一系列配套的部门规章，如《南京特别市工务局局务会议议事细则》《南京特别市工务局办事通则》《南京特别市工务局总务科办事细则》等。

二是关于规划管控的相关法规，主要包括建筑管控和土地管理两方面的法规。建筑管控方面，有《南京特别市市政府工务局取缔建筑章程》《市区建筑暂行简章》《南京特别市工务局退缩房屋放宽街道暂行办法》等（其中最为全面的规章是于1933年颁布的《南京市工务局建筑规则》，对公私建筑审批、建造、取缔等手续，建筑通则、设计准则、防火要求等方面均有详细规定；同年5月颁布的《南京市新住宅区建筑章程》，对房屋间距、高度等提出了控制要求，属于比较重要的城市规划技术规定）；土地管理法规方面，有《南京特别市市政府处理市有土地暂行条例》《南京特别市土地征收章程》《南京特别市土地登记章程》《整理中央政治区域土地办法》《公有土地处理办法》《南京市收用道路两旁退缩土地暂行规则》等。

三是具有法律效力的规划文件的制定，如1928年编制的《首都计划》。

三、城市规划管理体系

1. 全国：直属中央的主管机构首次出现

近代以来，直属中央的专门负责管理全国范围的城市规划与建设的机构一直到这一时期才首次出现。晚清时期，清朝进行新官制改革，将延续千年的"六部"官制改为11部（院），但其中并没有专管城市规划的部门，城市规划与建设相关事务由民政部下属的疆里司和营缮司负责；北洋政府时期，中央先是设9部，后改为10部，负责城市建设管理的部门主要是内务部下属的机构，中央机构中依然没有专门负责城市规划的部门。

国民政府的城市规划机构设置方面，1928年2月，中央政治会议第127次会议决议，设立中华民国建设委员会，直属中央，专办一切建设事宜，并制定《建设委员会组织法》。该法共11条，其中第一条规定了建设委员会的职权："凡国营事业，如交通、水利、农林、渔牧、矿冶、垦殖、开辟商港商埠，及其它生产事业之须设计开创者皆属之。"

1928年10月，行政院成立，建设委员会改属行政院。同年12月公布新的组织法，此组织法共21条，规定建设委员会的职责是"研究及计划关于全国建设事业，及国营事业之不属于各部主管者，或属于各部主管得其同意者，均由建设委员会办理并完成之"，并规定各省建设厅厅长为当然委员，此规定说明各省也将成立建设厅，主管城市规划与建设事宜。

1931年2月，颁布《修正建设委员会组织法草案审查修正案》，此修正案共20条，规定建设委员会直隶国民政府，其职权有三："遵照《实业计划》，拟定全国建设事业之具体方案，呈国民政府核办；国民请求指导建设事业，应为之设计；办理经国民政府核准试办之各种模范事业。"建设委员会设总务、设计、事业3处，设秘书长、秘书、处长、科长、科员、技正、技士、技佐各职员。

至此，国民政府中央级别的城市规划与管理机构正式确立。中央建设委员会是中国成立的第一个主管城市规划与建设的专门机构，这也是1927年后中国城市规划进入新局面的重要组织保障（图2）。

图2 1927—1937年南京国民政府城市规划主管机构设置
（资料来源：作者自绘）

2. 南京：设计机构与执行机构分离的体制

我国从晚清时期开始城市自治风潮，北京政府于1921年公布市自治制，但当时所谓的市，仅属于自治团体性质。真正按照西方行政体制建立的现代城市管理制度，始于广州国民政府治理下的广州市。1921年，时任广州市市长的孙科主持制定并颁布了《广州市暂行条例》，1922年广州正式设市，成为我国近现代意义上城市管理机构的开端。国民政府时期，我国各重要城市基本都模仿西方的城市规划体制，施行城市规划设计机构和执行机构相互分离的分体制。

1927年，国民政府定南京为首都，虽然南京作为六朝古都，历代以来都有所建设，但历经沧海桑田，进入民国时期，在国民政府奠都南京之前，是一个仅有30多万人口的中等城市。为了使南京呈现出首都所应有的宏伟气象，迫切需要进行大规模的城市建设，因此必须有一个完善的城市规划管理机构，以指导城市规划与建设。

1927年，国民政府定南京为特别市，随即设立工务局，负责全市市政建设和管理。工务局内设总务、设计、建筑、取缔和公用五科。其中，设计科负责规划、测绘、工程设计等，建筑科负责核发建筑执照等。

1930年，工务局改设第一科、第二科，第一科分总务、公用、审勘三股，第二科分计划、营造、材料三股。其中，审勘股负责建筑的查勘，计划股负责规划、测绘等。

南京除了工务局之外（表1），还于1928年9月成立了建设首都委员会，直属于中央的建设委员会，蒋介石担任主席，南京市市长刘纪文等人担任常务委员。

南京市工务局机构设置　　　　　　表1

时间（年）	序号	名称
1927—1930	第一科	总务科
	第二科	设计科
	第三科	建筑科
	第四科	取缔科
	第五科	公用科
1930—1937	第一科	总务股、公用股、审勘股
	第二科	计划股、营造股、材料股

（资料来源：根据《南京城市规划史稿》整理绘制。）

1928 年 12 月，成立了以孙科为主任的国都设计技术委员会，直属于国民政府，后改名为国都设计技术专员办事处，由林逸民担任处长，聘请美国专家墨菲（Henry Killam Murphy）和古力治（Emest P. Goodrich）为顾问，中国建筑师吕彦直为助理。在与蒋介石对南京市城市规划的权力争夺中，孙科暂时取得优势。

1929 年 6 月，设立首都建设委员会，直属于国民政府，由蒋介石担任主席，刘纪文任秘书长，委员多由政要组成，如胡汉民、孙科、阎锡山、孔祥熙、宋子文等。首都建设委员会与国都处职权有重叠，同年 12 月，国都处便被裁撤。这也标志着在与孙科对南京市城市规划的权力争夺中，蒋介石再次取得胜利。

无论是国都处还是首都建设委员会，都是城市规划设计部门，市工务局是规划的执行机构，虽然机构之间权力有交叉，但分工较为明确。由这一时期的城市规划机构设置可以看出，南京的城市规划管理机构开始走向正规化和专业化，为南京"黄金十年"的建设奠定了良好的制度基础（图 3）。

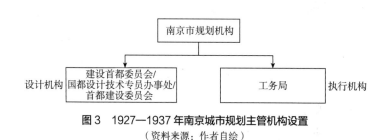

图3　1927—1937 年南京城市规划主管机构设置
（资料来源：作者自绘）

四、城市规划技术体系

1. 全国：南京和上海领跑规划技术发展

这一时期的中国刚获得相对稳定的发展期，百废待兴，各项建设事业主要集中在各个城市，尤其是大城市。能够代表这一时期我国城市规划技术最高成就的当属南京的《首都计划》和上海的"大上海计划"。

南京是新首都，是集中全国力量重点发展的城市；上海则一直是中国的经济中心，各项城市建设一如既往走在全国前列。因此，在《首都计划》和"大上海计划"中体现出来的城市规划技术体系的完整性、城市规划技术的先进性都是史无前例的，尤其是南京的《首都计划》，更是具有开创性意义。

2. 南京：具有里程碑意义的《首都计划》

由"国都设计技术专员办事处"（以下简称"国都处"）于 1929 年编制完成的《首都计划》，是南京近代城市规划史上最早的一部系统的规划文件，也是我国近代以来

第一部应用近现代城市规划理念编制的较为系统、完善的城市规划方案。《首都计划》主要由国都处聘请的美国顾问墨菲、古力治编制，内容包括南京史地概略、人口推测、中央政治区地点、建筑形式之选择、道路系统之规划、港口计划、首都分区条例草案等28项。在随后的1930—1937年间，国都处遭到裁撤，国民政府另行成立了规划机关，对《首都计划》进行了历时漫长的修订，最终由于战争的爆发，大部分内容并未付诸实践。

《首都计划》在规划方法、城市设计、规划管理等诸多方面借鉴了欧美模式，在规划理念及方法上开创了中国近现代城市规划的先河。值得一提的是，《首都计划》拟定的《城市设计及分区授权法草案》和《首都分区条例草案》，拟由中央授权地方依法对城市土地的使用实施分区管理（图4）。这显然是借鉴了西方的"区划"制度，只是限于当时的条件，这一先进的城市管控手段始终只停留在"草案"阶段，并没有正式施行。

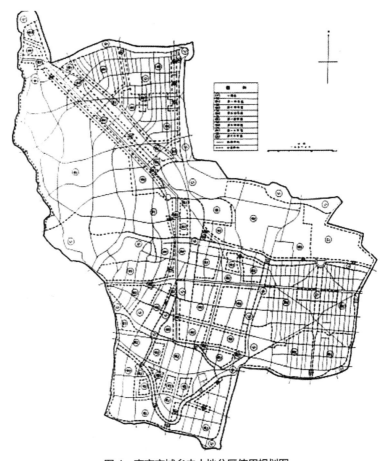

图4　南京市城乡内土地分区使用规划图

（资料来源：国都设计技术专员办事处.首都计划[M].南京：南京出版社，2006.）

五、1927—1937 年国民政府时期城市规划体系的特征

1. 初步成型的城市规划法规体系

这一时期是国民政府规划法规体系的初步成型时期，国民政府后期（1937—1945年）形成的相对完善和成熟的城市规划法规体系是在这一时期奠定的基础上进一步发展的必然结果。在全国范围内，包括各级城市建设与管理机构组织、土地管理、城市管控在内的一系列借鉴西方近现代经验的法律法规如雨后春笋般涌现，遗憾的是，具有统领作用的城市规划核心法尚未出现，整个城市规划法规体系显得缺乏系统性。作为首都的南京初步形成了"规划组织、规划管控、规划文件"三位一体的法规体系，为规划的组织、编制和实施提供了全方位的法律保障。

2. 地方分权的城市规划管理体系

尽管在中央成立了统领全国建设事宜的中央建设委员会，但受晚清以来的地方自治风潮的影响，地方在城市建设和管理方面享有非常大的自主性。地方通过"工务局＋建设委员会"的城市规划管理体系实现自我管理，形成设计机构（建设委员会）和执行机构（工务局）分离的体制[①]。

3. 城市规划的地位

一方面，从城市规划管理体系的设置来看，与晚清时期和北洋政府时期不同，这一时期成立的城市规划主管机构——建设委员会不再是下辖于中央部门的机构，而是直属于国民政府，足见国民政府对城市规划与建设事业的重视，凸显了城市规划的重要性。另一方面，从规划技术成果的法律效力来看，以南京为例，《首都计划》中拟定的《城市设计及分区授权法草案》和《首都分区条例草案》均已上升到立法的层面，对城市各项建设活动的管控具有普遍的强制力和约束力，反映了规划的权威性。

4. 城市规划技术先进

《首都计划》是我国第一部应用近现代城市规划理念编制完成的较为系统、完善的城市规划方案，方案中运用的"调查—研究—规划"的方法、分区管控的思想、人口预测、规划边界划定、基础设施规划、公共服务设施规划等内容，不仅与当时国际领先的规划技术同步，也是当今规划领域仍然在使用的方法，具有相当高的先进性甚至超前性。

---

① 地方的城市规划执行机构普遍为工务局，但设计机构称谓不一，例如南京的建设首都委员会、国都技术专员办事处、首都建设委员会以及上海的建设讨论委员会、中心区域建设委员会等，这也从另一个侧面反映了地方在城市管理方面的自主权。

参考文献

[1] 牛锦红.近代中国城市规划法律文化探析——以上海、北京、南京为中心 [D].苏州：苏州大学历史系，2011.

[2] 王亚男.1900—1949 年北京的城市规划与建设研究 [M].南京：东南大学出版社，2008.

[3] 谢振民.中华民国立法史（上）[M].北京：中国政法大学出版社，2000.

[4] 蔡鸿源.民国法规集成 [M].合肥：黄山书社出版社，1999.

[5] 苏则民.南京城市规划史稿 [M].北京：中国建筑工业出版社，2008.

[6] 王俊雄.民国时期南京首都计划之研究 [D].台南：台湾成功大学建筑研究所，2002.

[7] 国都设计技术专员办事处.首都计划 [M].南京：南京出版社，2006.

转型期控制性详细规划的问题初探与建议

张晓荇[1]

（1.清华大学建筑学院，北京　100084）

一、改革开放与控制性详细规划的源起（1978—1991 年）

最初的控规出现于 1970 年代末到 1980 年代初，是伴随着我国改革开放的进程而诞生的。这一时期，正处于我国从计划经济向市场经济转型的进程中，相应的土地使用制度也正在经历由无偿使用向有偿使用的转变。进而，土地使用制度的转变催生了土地管理制度的转变。

学术界所公认的首个控制性详细规划是 1982 年上海市虹桥开发区规划。规划为满足外资在上海建设领事馆的国际要求，探索性地编制了首个控制性详细规划："将整个地区划分为若干地块，并对每个地块提出八项指标[①]。由于采取了国际惯例的做法，得到了外商的欢迎。"

在这一时期，土地使用权的市场化、房地产市场的出现、土地使用主体的多元化促进了我国土地管理制度的变革。之前的修建性详细规划已经无法应对市场经济下未知主体的未知建设行为，为此需要"制订有效的引导和控制管理城市开发建设的规划，其中包括详细的建设要素控制，以此体现和维护整体城市利益，保证经济效益、社会效益、环境效益的统一"。可以说，控规的出现也是为了迎合土地市场化的需求，其根本目的是建立起符合市场运作规律的管理模式，而控规体系建立的理论根源就是向西方学习如何进行土地市场的管理。

然而，从另一个角度来讲，控规并没有彻底转型，尚未完全脱离计划经济下修建性详细规划的主要思路，我们可以从早期控制性详细规划的探索实践中窥见一斑。例如在桂林城市中心区控制性详细规划中"为了能体现上一层次规划的意图和目标……综合指标体系包括控制性指标和引导性指标两大类……"如果说传统的修建性详细规划是对于城市建设活动的硬性计划，是最直接落实总体目标的强势工具的。虽然这一时期的控规探索在控制方式方法上作出了创新，然而其控制的核心思想依旧是如何落实城市总体的发展目标，延续了修建性详细规划中原有的自上而下的承接关系和计划

---

① 八项指标内容包括：用地性质、用地面积、容积率、建筑密度、建筑后退、建筑高度限制、车辆出入口方位及小汽车停车库位。

意图。因此，控规从这一角度可以理解为通过控制的手段替代计划的手段，对城市建设活动的"硬"计划进行一定程度的松绑，从而形成引导城市发展的"软"计划，但是，这些依旧体现了计划性的色彩。

总体而言，在这一时期，我国出现了第一次土地利用控制方式的转型，控规的技术、管理制度和相关法规也都步入了探索的初期阶段，1991年控规被正式写入《城市规划编制办法》。

二、控制性详细规划的发展（1991—2007年）

从1990年代开始，控规一方面在寻求技术的完善，另一方面也在努力逐步走上向法制化的道路。1991年，控规被纳入《城市规划编制办法》，1995年，建设部又规范了控规的编制内容与要求。在此后10年的时间里，我国在控规领域一直致力于控规的法定化，不断地完善控规的技术体系、丰富控规的技术手段，并力求成为土地开发管理的核心法定工具。

三、控制性详细规划的转型（2007年至今）

随着我国改革开放以来经济持续高速的蓬勃发展，城市的发展与建设也在这种快速增长下累积了许多问题。城市的大规模无序扩张、土地资源的低效利用、交通拥堵与环境污染已经成为我们每日面临的生存现状。由此，改革开放初期的粗放式增长模式在未来的发展中难以为继，自此，我国的改革进程步入了一个新的时期。

在新时期下，我国的土地利用控制方式也面临着新的转变，土地利用的精细化、法制化不断被提上议程。2007年，控制性详细规划被正式写入《城乡规划法》，这标志着我国控规的发展进入了一个崭新的时期，与此同时，控规也面临着从技术性的引导条文向法律文件的又一次转型。

然而，这种转变并非一帆风顺。一方面，政府面临着促进城市经济发展、完成招商引资目标等任务，因此，在实际的管理过程中需要面对变化的经济市场，并为其提供相应的城市土地供给，这就要求城市的土地供给具有一定的灵活性与可操作性；另一方面，控规的法律地位的强化进一步提高了控规修改的难度，这无疑加剧了地方政府的需求与中央政府的管控目的之间的矛盾。这种矛盾往往导致地方政府在实际操作中将控规架空，集中表现为对于控规编而不批，或是通过技术手段在控规中"留白"。

1. 转型期控规的法律地位——规划管理与行政许可的法律依据

在2007年颁布的《城乡规划法》中，第三十七、第三十八条中明确规定，控制性详细规划是"以划拨、出让方式提供国有土地使用权，核发建设用地规划许可证，提出出让地块的位置、使用性质、开发强度等规划条件的依据"。由此开始，我国正式确立了控制性详细规划的法律地位。

此后，2010 年颁布的《城市、镇控制性详细规划编制审批办法》中，第三条明确了控规的地位与作用："控制性详细规划是城乡规划主管部门作出规划行政许可、实施规划管理的依据。国有土地使用权的划拨、出让应当符合控制性详细规划。"

虽然控规成了法律文件，但是目前在法律地位上，控制性详细规划并非在规划区内进行建设活动的法律约束，而仅是规划管理与行政许可的法律依据。这里描述控规的法律地位以赵民（2009）提出的"法定羁束依据"一词较为准确。

目前，实质上城市建设活动的法律约束是通过行政许可进行的。由行政许可的分类来看，城市规划是对于城市土地等稀缺资源的配置，在行政许可中属于"有限自然资源开发利用、公共资源配置以及直接关系公共利益的特定行业的市场准入等，需要赋予特定权利的事项"的内容。故，实际上城市建设活动的法律约束——行政许可——是我们所熟知的"两证一书"。

由此可见，目前，在法律层面，控规虽然被写入了《城乡规划法》，但是其并不具有直接约束城市建设活动的效力，在管理流程中存在行政许可这一转化环节，这体现出了在转型期下控规在立法体系中地位模糊的现状，有意无意地扭曲了其立法的根本意图。

2. 转型期控规的管理体系
1）管理内容——编制、审批、修改、实施

控规的管理内容主要包括控规的编制、审批、修改、实施。其中编制、审批、修改三项都在 2010 年颁布的《城市、镇控制性详细规划编制审批办法》中进行了明确规定，基本采用了"本级编制，本级修改，本级审批"的管理方式（非中心镇需要报上级审批）。同时，在管理过程中法定要求了草案公示和专家评审程序（图 1），共同形成了较为成熟的编制、修改、审批的管理体系。

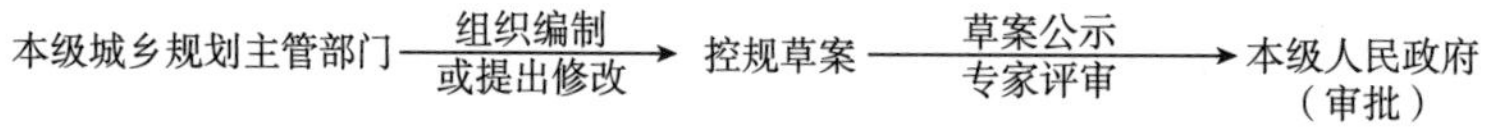

图 1　城乡控规编制、审批、修改的管理流程（除其他镇）
（资料来源：作者自绘）

然而，对于控规实施的管理，目前在全国层面尚无明确的管理规定。控制性详细规划仅作为行政许可和规划管理的法定依据（且并非唯一依据）。从控规（依据）到行政许可之间主要通过规划条件进行转化，而这一转化的运作过程的管理是十分模糊的，主要通过项目审批的方式完成。所以，虽然在程序上有法可依，但在实际的操作过程中，地方仍有较大的自由裁量权。在转型期下的管理内容方面，目前我国的控规仍存在缺乏监督的问题。

2）管理主体——大多为规划委员会，管理方式略有差异

管理体系中的另一个主要方面是管理主体的变化。目前，虽然管理流程上规定的审批主体是本级人民政府，但是控规的实际管理职责主要是由各地政府设立的城市规划委员会来承担的。

在我国，规划委员会属于地方机构，各地的规划委员会的构成与运作方式仍有所不同，这是转型期下多维度尝试的结果。例如在构成方式上，上海、深圳的规划委员会成员构成更为多元化，在表决方式上，也存在主任决策制与民主表决制两种方式。

我国目前的控规审批及项目审批基本都需要经过各地规划委员会的审议（或直接审批）。在我国现行制度下，由于各地规划委员会的主要负责人即各地行政领导，因此无论规划委员会名义上是具有审议还是审批权，其实质上都在实行着规划及项目的审批权，成为控规管理的主体。

虽然我国具有上述较为完善的控规编制、审批、修改的管理流程，但是这一流程最终的核心决策权仍然集中在地方领导层面，大大削弱了公众参与和专家评审的有效性。值得肯定的是，规划委员会的设立无疑标志着管理主体多元化的趋势（表1）。

3. 转型期控规的技术体系——各地技术管理规定

相比较控规管理与法规，技术层面的讨论可谓最多也是最完善的，这主要归功于技术层面近10年的不断探索与变革。在控规的技术手段方面，各地相继出台了各自的技术管理规定，进行了各种控规技术方面的探索。如北京针对新城的开发建设出台了《新城控制性详细规划（街区层面）编制技术要点》和《新城控制性详细规划（地块层面）编制技术要点》两项技术性文件，上海的《上海市控制性详细规划技术准则》，深圳的《深圳市城市规划标准与准则》，广州的《广州市城乡规划技术规定》等。

各地的技术管理规定所涉及的内容、覆盖范围与控制方式各不相同，主要探索的控制技术也趋于多样化。总结起来，目前控规技术主要的转变趋势有：各类用地与其基准容积率、建筑密度、绿地率的控制指标体系；土地混合使用与各类用地类型间的相互兼容性体系；以北京、上海为代表的"街区—地块"分层控制方式；监测调整与动态维护全过程机制。这些内容共同形成了十分丰富的控规技术体系。

一方面，由于控规的计划性色彩，一部分控规对于城市未来的发展提出了过于严苛或不切实际的约束，这些控制内容往往与市场发展存在矛盾。另一方面，由于控规

国内各地规划委员会比较

表1

城市	机构性质	是否有决策权（控规）	人员构成	主要功能	决策方式	工作机构	办公机构	会期	经费来源	主要负责人	工作机构负责人	成员数量	成员产生	任期
北京	法定非常设官方机构	/	公务员	审定、协调	讨论后主任决定	办公室	北规委	/	/	书记	北规委主任	/	政府任命	与政府任期一致
上海	法定非常设官方机构	审议权	公务员委员、专家委员	协调、咨询	讨论后主任决定	办公室	规划局	不定期	无独立经费	市长	规划局长	12人	政府任命	/
深圳	法定非常设非官方机构	审批权(终审权)	公务员、专家、社会人士	决策、咨询	2/3以上多数表决通过	秘书处	规划局	每季度一次	无独立经费	市长	规划局长	29人	政府任命与聘任	5年
广州	城市规划决策的议事机构	审议权	政府委员、专家和公众代表委员	审议、咨询、建议	2/3以上（含本数）	办公室	规划局	每月各召开一次	列入市规划局年度部门预算	市长	秘书长：市规划局局长	不少于21人	推选，市政府聘任	与政府换届同步
香港	法定非常设非官方机构	审批权(终审权有行政官长和立法会共同决定)	政府部门负责人、官员、专家、社会人士	审议、咨询	1/2以上多数表决通过	秘书处	规划署	每月第2个星期五召开	独立经费	房屋及规划地政局常任秘书长	规划署副署长	40人（33名非官方成员）	政府任命与聘任	1~2年

的法定化，增加了其修改的难度，目前的控规更多地约束了政府管理者的自由裁量权。由此，更多的管理者往往要求在技术方面给实际的管理工作增加灵活性，以应对其执政过程中实现经济发展的首要目的。因此，这一时期控规技术转变的主要特征集中表现在突出技术内容的灵活性与适用性上。

四、转型期下的控规现状初探——以昆明为例

1. 控规编制基本概况

昆明市的现行控规是《昆明主城 55 分区控制性详细规划》。其主体内容于 2007 年完成，包含了主城 55 个分区约 450km² 的控制性详细规划。

2. 包含内容及其完整性

《昆明主城 55 分区控制性详细规划》的编制过程采取逐个分区进行编制的编制方法，每个分区经市规委会审议通过。根据笔者掌握的资料显示，以单个分区控规编制为例，其内容主要包括功能定位、土地利用、道路系统、景观系统、公共设施、市政设施和文物及建筑保护，共计 7 个方面。在这些内容中，缺少对于开发建设的强度控制、建筑形态控制等控制指标。从 55 个分区整体上来看，以 2012 年录入昆明市规划管理系统的内容为例，其中约 89% 的控规覆盖面积没有完整的指标性约束或指导性城市设计内容（表 2），而具有完整指标的部分均为已建设用地。

2012年控制性详细规划入库情况统计表   表2

	仅有规划用地性质的内容	有规划用地性质和指标体系的内容	合计
覆盖面积	393.6km²	48.7km²	442.3km²
所占比例	89%	11%	100%

（资料来源：昆明市规划局）

3. 法律地位与现实作用

55 分区控规经规划委员会审议通过后，依照《城市、镇控制性详细规划编制审批办法》第十二条进行公示，并征求专家和公众的意见，但未取得市政府正式批复的文件。这表明，《昆明主城 55 分区控制性详细规划》仍处于草案状态，从法理上讲，对于城乡建设和规划管理并不具有约束效力。

那么，内容不全、未通过审批的控规的现实作用是怎样的？政府又是通过何种手段去管理城市建设活动的呢？

2008 年开始实施的《城乡规划法》中第三十八条规定，规划条件是以出让方式

获得国有土地使用权的必需条件，而规划条件的给出要以控规为依照[①]。现实中内容残缺、未通过政府批复的控规（或控规草案），在实际的执行过程中仍是给出规划条件的重要参照之一。正是由于其内容不完整，所以其主要作用是提供意向出让用地的使用性质（草案），给出的用地性质（草案）就成了政府同开发商博弈的基本条件，博弈的最终结果（也就是最终的用地性质）则体现在规划条件之中。就昆明市的现状而言，其控规（或控规草案）并不具有对于建设活动的实际约束力，而恰恰是作为国有土地使用权出让合同的组成部分的规划条件，是真正管理城市建设的手段。

4. 规划条件与管理过程

1）规划条件的作用

规划条件全称为"规划设计条件"，提出于1992年，建设部颁布的《城市国有土地使用权出让转让规划管理办法》第五条规定："出让城市国有土地使用权，出让前应当制定控制性详细规划。出让的地块，必须具有城市规划行政主管部门提出的规划设计条件及附图。"由此来看，规划条件的原本作用是作为规划主管部门对于土地使用权出让活动进行管控的方式。然而，在当下关于"规划条件"唯一的已发表研究中，张舰认为，规划条件是"用以规范和限制国有土地开发利用，限定建设单位在进行土地使用和建设活动时必须遵循的基本准则"。这说明，规划条件在当前的背景下，从对于土地使用权出让活动的管理手段演变成了对土地使用和建设活动的管理手段。从昆明市的现实情况来看也是如此，规划管理部门在土地出让前给出规划设计条件，开发商也必须遵守土地出让合同中规划条件的约定。规划条件更多地代替了控规的作用，成了制约建设活动的直接依据。

2）规划条件的内容

目前昆明市的规划条件主要包括地块位置、编号、名称，各类用地的用地性质、面积，净用地的容积率、建筑密度、绿地率、建筑高度、地下空间、停车泊位，住宅、公共设施配建要求以及其他要求。这与1992年《城市国有土地使用权出让转让规划管理办法》第六条所规定的内容基本相同[②]。但其规定的内容远多于目前控规（草案）所包含的信息。虽然规划条件以控规为依据，但是从控规到规划条件的转化过程并非完全对应，譬如昆明市的控规（草案）并没有容积率的指标。我们不禁要问，控规以

---

① 第三十八条原文是："在城市、镇规划区内以出让方式提供国有土地使用权的，在国有土地使用权出让前，城市、县人民政府城乡规划主管部门应当依据控制性详细规划，提出出让地块的位置、使用性质、开发强度等规划条件，作为国有土地使用权出让合同的组成部分。未确定规划条件的地块，不得出让国有土地使用权。"

② 第六条规定了规划设计条件应当包括：地块面积，土地使用性质，容积率，建筑密度，建筑高度，停车泊位，主要出入口，绿地比例，须配置的公共设施、工程设施，建筑界线，开发期限以及其他要求。

外的条件是如何确定的?

3）规划条件的管理过程

规划条件的确定主要可以分为两类情况：一般项目的规划条件、特殊项目的规划条件。

（1）一般项目规划条件的确定

一般项目是由主管部门根据控规、《城市规划管理技术规定》以及各类专项规划直接给出规划条件。其内容主要可以分为三个方面（图2）：

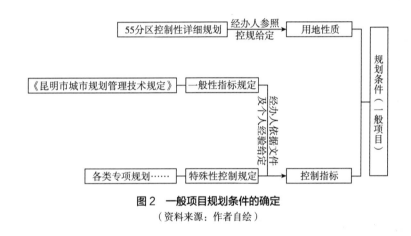

图2 一般项目规划条件的确定
（资料来源：作者自绘）

第一，拟出让地块的用地性质、道路规划、基础设施等，《昆明主城55分区控制性详细规划》所包含的内容与控规相一致。

第二，容积率、绿地率、建筑密度等一般性控制指标参照《昆明市城市规划管理技术规定》确定，一般由经办人按照符合《昆明市城市规划管理技术规定》的上限确定。

第三，建筑高度、停车泊位及其他要求等特殊控制要求按照拟出让地块所在区域的各类专项规划进行确定。

（2）特殊项目规划条件的确定

特殊项目的规划条件则由方案论证给出。由项目所在地的区政府在一般项目规划条件确定的基础上，向市规划主管部门提交规划方案，申请规划条件，经市规划主管部门审核后提交规划委员会进行审议，再由市规划主管部门依照审议意见进行控规"修改"[1]，最后由经办人依据修改后的控规[2]给出特殊项目的规划条件（图3）。特殊

---

[1] 多称为控规调整。

[2] 修改后的控规包含了论证信息中的容积率等指标，但在法律意义上依旧是控规草案。

项目一般都涉及对于规划指标的修改或土地利用的修改，在程序上都要进行控规修改。控规的实际控制作用已经被规划条件所取代。

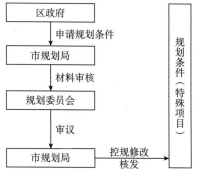

图3 特殊项目规划条件的确定

5. 管理主体与职能

1）规划委员会的构成

昆明市城市规划委员会为法定官方机构，下设四个专业委员会，由专家组成，由市长任主任，副市长、副秘书长任副主任，各区（县）长、局长、总规划师任委员。会议决策组成人员全部为各级政府或机关单位公务员，人员构成较为单一。虽然《昆明市城乡规划条例》只赋予了规划委员会审议权[①]，然而，从其主要构成方式中我们不难发现，在我国的现行体制下，规划主管部门要服从上级领导的指示，实际的决策权集中在规划委员会，规划主管部门扮演着执行者的角色。在实际操作过程中，规划主管部门要依照规划委员会议作出决策。

2）规划委员会的职能

虽然《昆明市城乡规划条例》规定规划委员会仅对重大事项进行审议，但是，事实上，规划委员会审议的内容几乎涵盖了城市建设的所有方面，除极小型的公共设施建设、建筑外立面的修缮与维护等，均需要通过规划委员会审议。以昆明市为例，据笔者统计，2008—2012年规划委员会审议的议题总计达1000余项，平均每年就有250余项，几乎可以反映规划建设管理的全貌。

6. 技术手段——昆明市城乡规划管理技术规定

1）《规定》涉及的主要内容

《昆明市城市规划管理技术规定》中主要涉及建设用地、建筑间距、建筑退让、建筑高度、停车设置、地下空间及市政设施的规划管理内容。在《昆明市城市规划管理技术规定》中，就上述每一项内容都提出了通则式的控制指标体系，并设计了可浮动指标的上限（或下限）。

2）规定的现实不适用

尽管已经形成了较为完善的管理技术规定，然而在现实建设活动的过程中，却极大地体现了规定内容的不适用。据笔者统计，以2008—2012年昆明市经过规划委员会审议的不重复议题计算，其中有50.5%的议题突破了原有控制内容，其中绝大多数

---

① 《昆明市城乡规划条例》（2010）规定城乡规划委员会对城乡规划重大事项进行审议。

作为城市发展的特殊项目，申请更优厚的开发条件，以获取超额回报。除此之外，也有一部分项目由于规定本身的不合理，出现了无法开发的现象，如因退线要求导致较小的旧区地块陷入无法开发的窘境。也正是因此造成大量项目要重新申请规划条件或修改控规。

五、转型期控规存在的主要问题

1. 法律地位——不批导致无法可依

尽管控规在法律地位上仅仅是用以在一定程度上控制行政许可中的自由裁量权，但是由昆明的案例可以看出，在现实操作中，规划管理部门对于这种控权仍表现出较为抵制的态度。集中体现为对于编制好的控规并不予以及时的批复，使得城市建设活动处于在现实层面上有控规可以参照，但在法理层面则无控规以约束的模糊状态。

这种现象并非仅存在于昆明的这一个个案之中。赵民（2009）提到"有的城市甚至编'控规'而不批'控规'"。李浩（2010）也指出，"在实际工作中，控制性详细规划编制完成后不予审批的情况越来越多"。福建省《关于全省城乡规划设计质量和规划实施情况专项检查的通报》指出，"编而不批现象依然存在，如闽侯县编制的8个控规仅批准1个，福安市编制的4个控规，市政府均未批复"[①]。宁德市在其规划实施情况的检查通报中也提到，"编而不批现象依然存在"[②]。这足以说明，在实际管理工作中，控规"编而不批"的现象大量存在，造成无法可依。可以看出，在转型期伊始，各地方的改革可谓举步维艰，甚至不惜以打擦边球的方式牺牲控规的法律严肃性。

2. 管理主体——缺少有效的公众参与

从管理主体方面来看，在控规编制、修改、审批、实施的全过程中，虽然建立了公众参与与专家评审这两个环节，但从实际效用上而言，其对于最终的实施结果影响较弱。就全国的规划委员会构成和决策方式而言，一部分采用主任决策制，是由市领导"拍板"，另一部分采用民主表决的，在其构成成员中，一般政府或政府背景官员也占据了绝大多数，最终仍是政府决策。

控规管理的全过程目前仍是建立在"政府组织编制、政府组织公开、政府组织评审、政府审批用以约束政府行政行为"之上的单主体管理过程，抽象地讲，就是"自己建立规则管自己"这种自说自话的状态。这种单主体的管理过程实际上缺少有效的公众参与途径，缺少多权力的相互约束与制衡。没有明确的制度保障下的公众参与，实际

上极容易变成管理过程中的过场。个人或集体权利缺少法律保障下的有效申诉机制。

3. 管理过程——修改频繁、效率优先

在控规的管理过程中，昆明的控规（草案）修改比例超过 50%。当面临招商引资、城中村改造等特殊项目时，控规仅是拿到台面上来博弈的基准条件。这些问题都集中体现在没有任何明文规定的控规实施的过程中。最终结果是市场与政府之间的博弈，以获得这两方利益的均衡或共赢。然而，作为城市使用者的居民的利益在这个过程中难以得到体现，甚至公民的集体利益有可能会受到开发商与政府共同体的侵害。正是由于在管理过程中，一部分利益相关者的声音被忽视、被淹没，造成了效率优先、兼顾公平的现状。然而，随着社会的发展以及个人维权意识和社会公共意识的增强，这种黑箱管理过程将难以维系社会和谐的进程。

4. 技术手段——顶层设计并不明确，缺少实施结果评估

从控规技术角度进行的探讨与实践是整个控规体系中最为丰富的。整体上而言，无论是分层控制、弹性控制、土地利用兼容性控制还是用地类型细分与整合、分区指标体系，都是为了增强控规的现实适用性，以避免"一刀切"的管理方式，同时保证控规的"刚性"与"弹性"。当各地纷纷制定其技术准则，并将目光集中在"如何让控规更好用"的问题上时，却忽略了控规"到底要控制什么"的问题。对于技术准则的制定，更需要完善的顶层设计，即回答"什么必须管、什么可以不管、什么不需要管"的问题。

其次，各地的技术准则修改的时间间隔都比较长，比如昆明、广州都是时隔 7 年才修改一次。在我国快速发展的 7 年间，社会环境已经发生巨大的变化，固化规定的更新频率远远不能满足快速发展时期的需要。因此，在明确顶层设计的基础上，也需要在实践中不断地试错、调整、优化，建立评估与反馈体系，加快技术内容的更新与自我完善进程。

六、控规未来发展的几点建议

随着我国经济实力的不断提高，人民财富的不断积累，我国在过去 30 年的高速发展已经取得了举世瞩目的成就。但是，在另一方面，高速发展也带来了财富分配不均、社会阶级分化等诸多社会矛盾。国家面临着经济和社会发展方式的根本性转变，法制化、民主化、规范化、科学化是改革与发展的根本导向。

城乡规划作为引领发展的宏观调控工具也必然要适应新时期的发展需求。控制性详细规划是引导城市建设的最直接抓手，在转型期暴露出的种种问题，势必要求我们进一步深化改革，力求实现新阶段的控制目的与要求。

1. 完善顶层设计

作为一种制度的舶来品，控规混杂了美国的区划制度（Zoning）、中国香港的分区计划大纲图（Outline Zoning Plan）等技术手段。在过去的 30 年间，为了迎合城市的高速发展与扩张，我国需要一种拿来就能用的"技术"，由此引发了对于控规技术经久不衰的探讨。

然而，对于控规而言，自其诞生 30 余年，一直鲜有对其核心价值体系与控制目标的探讨。面对未来的城市发展，高速的扩张时期终将向低速的精细化发展时期转变，加之我国中产阶级力量的不断壮大，控规将不再仅仅作为控制城市建设的技术方法，而是转变为维护市民权利的基本工具。

只知道要控制，不知道为什么要控制，是目前控规实施中的一大特点，核心价值与核心目的缺失意味着实际操作过程中难以找到方向，甚至会带来适得其反的效果。因此，目前"知其然不知其所以然"的状况面临着极大的挑战，很多控制要求不得不面对市民的质疑，诸如"控规是什么""为谁控制""控制目的是什么""体现的核心价值是什么"等一系列问题将成为未来讨论的核心。这些问题无疑都反映出了过去控规制度设计中顶层设计的模糊甚至严重缺位。因此，完善顶层设计将是建构未来控规体系架构需要迈出的第一步。

2. 保障法律地位

法制化道路是保障控规地位和强制性的重要环节。编而不批、报而不批的现象不仅是对规划法律权威性的挑战，实际上更是对于公众利益和基本生存权益的威胁。无论规划的审批流程是依据法律直接裁定还是依照法律进行自由裁量，法律本身必须加强严肃性、稳定性。

从另外一个角度而言，法制化也是对行政行为赋权和控权的过程，是对于公共资源支配能力的赋予和约束，是社会公平的核心体现。在新形势下，保障控规的法律地位是合理支配公共资源、维护社会稳定的重要途径。

3. 坚守控制底线

诚然，目前控规与地方政府管理之间最突出的矛盾就是发展导向下的灵活性与规划控制的约束性之间的矛盾。为解决这一矛盾，我们必须认清规划的本质作用：与总体性规划的引导性特征不同，控制性详细规划的根本要务是保证最基本的生存底线。因此，对待控规需要转变思维模式，由尽善尽美的发展引导转化为坚守底线的基本控制。控规需要明确地告诉管理者什么底线是不能碰的，比如水源保护地就一定不能拿来搞游艇俱乐部，比如新建一个商业综合体不能挡住周边居民的采光。由此一来，发展与控制之间的矛盾也就不再是一个死结了。

4. 加强公众参与

一直以来，公众参与都被作为控规编制和修改中的重要环节写入了国家和地方的法律法规，但是在参与方式上仍有很大的提高空间。目前的公众参与仍以被动式、上诉式的方式为主，仍主要停留在规划的讨论与完善阶段。因此，对于公众参与的强化，一是要变被动为主动：从单纯的告知向双向互动的方式转变；二是要将公众参与纳入规划的决策阶段：提高公众意见对规划决策的影响力，提倡更富实质意义的公众参与环节。

5. 规范管理过程

规划实施的管理过程最直接地影响到控规对于城市建设活动是否具有管控作用，甚至规划是否有效等重大问题。当下，控规的管理中仍存在大量的修改、调整。

无疑，目前规划管理（尤其是规划的实施管理）没有形成制度化、规范化管理流程的状况给规划实施中的牟利主体带来了可乘之机，并最终导致了城市建设结果的整体失控。

因此，规划管理制度需要程序化、公开化、透明化。规范管理过程，是保障控规实施效果的重要方式，也是提高城市空间质量的核心抓手。

参考文献

[1] 蔡震.我国控制性详细规划的发展趋势与方向 [D]. 北京：清华大学，2004.

[2] 城市规划资料集第四分册 [M]. 北京：中国建筑工业出版社，2002.

[3] 鲍世行.规划要发展，管理要强化——谈控制性详细规划 [J]. 城市规划，1989（6）：42–46.

[4] 控制性详细规划（第二版）[Z]. 2011.

[5] 中华人民共和国城乡规划法 [Z]. 2007.

[6] 中华人民共和国住房和城乡建设部城市、镇控制性详细规划编制审批办法 [Z]. 2010.

[7] 赵民等.论《城乡规划法》"控权"下的控制性详细规划——从"技术参考文件"到"法定羁束依据"的嬗变 [J]. 城市规划，2009（9）：24–30.

[8] 中华人民共和国行政许可法 [Z]. 2004.

[9] 张舰.土地使用权出让规划管理中"规划条件"问题研究 [J]. 城市规划，2012（3）：65–70.

[10] 李浩.《城乡规划法》实施后的控制性详细规划.规划创新：2010 中国城市规划年会论文集 [C]. 2010.